物理
[物理基礎・物理]
入門問題精講
改訂版

宇都史訓・島村 誠 共著

Introductory Exercises in physics

旺文社

はじめに

　高校物理の問題を解くのに，特別に難しい知識は必要ありません。一見，難しそうに見える入試問題でも，いくつかの基本的な法則や公式を組み合わせて解くことができます。問題が解けずに物理を苦手と感じている人は，"法則や公式を覚えたけど使いどころがわからない"場合が多いのではないでしょうか。この入門問題精講では，実際の入試問題を例題として，**問題に対してどのようにアプローチするのか，どのような法則や公式をおさえておけばよいのか**を中心に解説しています。本書の特長は，以下の3点です。

1　選びぬかれた 117 題の入試問題

　高校物理の全範囲を網羅する，117 題の入試問題で構成されています。教科書等の例題とは異なり，問題文が長いものもありますが，"入試問題の形式に慣れる"ことも本書の目的です。

2　問題へのアプローチの方法が明確

　頻出テーマを含む，基本的な入試問題を選びました。それぞれの問題に対して，"どのような流れで考えればよいのか"に重点を置いて解説しています。特に重要な考え方や法則については，**Point** にまとめました。実際に問題を解いていく流れがわかるように，**Point** は 解説 の途中に入れてあります。

3　覚えるべき公式の確認もできる

　教科書等を参照しなくても解き進められるように，必要な公式は 公式 にまとめました。短時間で知識の確認をしたい場合は，" 公式 だけを見ていく"ということも可能です。

　本書を用いて，まずは"物理の問題が解ける"という実感を得てください。本書が物理の学習の足がかりとなり，志望大学への合格が実現することを願っています。

宇都 史訓

島村 誠

本書の特長と使い方

　本書は，易～標準レベルの入試問題を分析し，必ず解けるようになりたい超基本問題を，ていねいに解説したものです。問題演習を通して，基礎の基礎を着実に理解していきます。本書をマスターすれば，より実戦的な問題を解くときにも大切な基礎力を，身につけることができます。
　本書は，6章28項目で構成されています。学習の進度に応じて，どの項目からでも学習できるので，自分にあった学習計画を立て，効果的に活用してください。

物理基礎・物理の全分野から，安定した基礎力を身につけるために必要な問題を厳選しました。なお，より実力がつくように，問題は適宜改題しました。問題には，物理基礎・物理の範囲を示してあるので，自分の入試に必要な内容かどうか，確認しながら学習することもできます。

問題の下には，具体的な解き方を，思考の流れがわかるようにていねいに示しました。似たような問題に対して使える重要な解法なので，しっかり読んでいきましょう。答は最後に示してあります。

問題を解く上で必要不可欠な公式をまとめました。覚えるべき公式がひと目でわかりやすく，本番直前に公式の確認も短時間でできます。

問題を解く上で特に重要な知識・考え方をまとめました。解説の途中で出てくるので，解いていく流れにそって，各問題の重要ポイントがつかめます。

● 著者紹介 ●

宇都　史訓（うと・ふみのり）

河合塾講師。「物理は基本から1つ1つちゃんと勉強していけば誰でも得意科目にできる！」という方針のもと，ポイントを明確に指摘したわかりやすい授業を展開する。共通テスト受験者から医学部受験者まで幅広い生徒を受け持つ。著書に，『物理［物理基礎・物理］基礎問題精講』（共著，旺文社）などがある。『全国大学入試問題正解 物理』の解答者。

島村　誠（しまむら・まこと）

河合塾講師。物理を苦手とする生徒を中心に受け持ち，生徒がつまずきやすいポイントを熟知している。「ていねいに基本事項を積み重ねることで，入試問題を解く力が身につく」ことを実感させる授業を展開し，授業終了後も生徒本人が納得できるまで，とことん付き合っている。

もくじ

はじめに …………………………… 2
本書の特長と使い方 …………………… 3

第1章 力 学

1. 速度・加速度
01 $v\text{-}t$ グラフ ……………………… 6
02 等加速度直線運動 ………………… 8
03 相対速度・相対加速度 …………… 10
04 落体の運動① ……………………… 12
05 落体の運動② ……………………… 14
06 落体の運動③ ……………………… 16

2. 運動の法則
07 力のつり合い ……………………… 18
08 浮 力 ……………………………… 20
09 静止摩擦力 ………………………… 22
10 運動方程式① ……………………… 24
11 運動方程式② ……………………… 26
12 運動方程式③ ……………………… 28

3. 剛体のつり合い
13 剛体のつり合い① ………………… 30
14 剛体のつり合い② ………………… 32
15 剛体のつり合い③ ………………… 34

4. 仕事とエネルギー
16 仕事と運動エネルギー …………… 36
17 仕事と力学的エネルギー① ……… 38
18 仕事と力学的エネルギー② ……… 40
19 力学的エネルギー保存の法則① ‥ 42
20 力学的エネルギー保存の法則② ‥ 44
21 力学的エネルギー保存の法則③ ‥ 46
22 力学的エネルギー保存の法則④ ‥ 48

5. 力積と運動量
23 力積と運動量 ……………………… 50
24 固定面との衝突 …………………… 52
25 運動量保存の法則① ……………… 54
26 運動量保存の法則② ……………… 56
27 運動量保存の法則③ ……………… 58
28 力学的エネルギーと運動量の保存① ‥ 60
29 力学的エネルギーと運動量の保存② ‥ 62

6. 慣性力
30 慣性力 ……………………………… 64

7. 円運動
31 等速円運動 ………………………… 66
32 円すい振り子 ……………………… 68
33 鉛直面内での円運動① …………… 70
34 鉛直面内での円運動② …………… 72

8. 単振動
35 水平ばね振り子 …………………… 74
36 鉛直ばね振り子 …………………… 76
37 単振り子 …………………………… 78

9. 万有引力
38 万有引力① ………………………… 80
39 万有引力② ………………………… 82
40 ケプラーの法則…………………… 84

第2章 熱

10. 比熱と熱容量
41 比熱と熱容量 ……………………… 86
42 熱量の保存 ………………………… 88

11. 気体の状態方程式
43 気体の状態方程式 ………………… 90
44 水 圧 ……………………………… 92

12. 気体の分子運動論
45 気体の分子運動論① ……………… 94
46 気体の分子運動論② ……………… 96
47 2室の気体の混合 ………………… 98

13. 熱力学第一法則
48 熱力学第一法則① ………………… 100
49 熱力学第一法則② ………………… 102
50 熱力学第一法則③ ………………… 104
51 気体の熱サイクル ………………… 106

第3章 波 動

14. 波の性質
52 波のグラフ ………………………… 108
53 縦 波 ……………………………… 110
54 定常波 ……………………………… 112
55 波の反射 (自由端反射) …………… 114
56 波の反射 (固定端反射) …………… 116
57 水面波の干渉 ……………………… 118

15. 共振・共鳴
58 弦の共振 ···················· 120
59 気柱の共鳴 ················· 122

16. ドップラー効果
60 ドップラー効果① ··········· 124
61 ドップラー効果② ··········· 126

17. 光の屈折
62 屈折の法則① ················ 128
63 屈折の法則② ················ 130
64 屈折の法則③ ················ 132

18. レンズ
65 レンズ① ···················· 134
66 レンズ② ···················· 136
67 レンズ③ ···················· 138

19. 光の干渉
68 ヤングの実験 ··············· 140
69 回折格子 ····················· 142
70 薄膜による光の干渉① ······ 144
71 薄膜による光の干渉② ······ 146
72 光路長 ······················· 148

第4章 電 気

20. 電場・電位
73 クーロンの法則 ············· 150
74 点電荷による電場 ··········· 152
75 点電荷による電位 ··········· 154
76 一様な電場 ·················· 156

21. 直流回路
77 電子の運動とオームの法則 ···· 158
78 抵抗の接続 ·················· 160
79 抵抗の合成 ·················· 162
80 キルヒホッフの法則 ········· 164
81 電流計・電圧計 ············· 166
82 ホイートストンブリッジ回路·· 168
83 非直線抵抗 ·················· 170

22. コンデンサー
84 コンデンサーの電気容量① ···· 172
85 コンデンサーの電気容量② ···· 174
86 コンデンサーの極板間引力 ··· 176
87 コンデンサーの合成 ·········· 178

88 コンデンサーへの誘電体の挿入·· 180
89 電気量保存の法則① ········· 182
90 電気量保存の法則② ········· 184
91 コンデンサーへの充電過程 ··· 186
92 コンデンサーを含む直流回路·· 188

第5章 磁 気

23. 電流と磁場
93 電流と磁場① ················ 190
94 電流と磁場② ················ 192
95 ローレンツ力 ··············· 194
96 電場中の荷電粒子の運動 ······ 196
97 磁場中の荷電粒子の運動 ······ 198
98 ホール効果 ·················· 200

24. 電磁誘導
99 ローレンツ力と誘導起電力 ··· 202
100 磁場中を運動する導体棒① ··· 204
101 磁場中を運動する導体棒② ··· 206
102 電磁誘導の法則 ············· 208
103 自己誘導 ····················· 210
104 相互誘導 ····················· 212

25. 交流回路
105 交流の発生 ·················· 214
106 交流回路 ····················· 216
107 電気振動 ····················· 218

第6章 原 子

26. 光の粒子性
108 光電効果① ···················· 220
109 光電効果② ···················· 222
110 コンプトン効果 ·············· 224

27. 粒子の波動性と原子構造
111 物質波とブラッグ反射 ······· 226
112 ボーアの水素原子模型 ······· 228
113 X線の発生 ··················· 230

28. 原子核反応
114 原子核の崩壊① ··············· 232
115 原子核の崩壊② ··············· 234
116 原子核反応 ··················· 236
117 結合エネルギー ·············· 238

5

第1章 力 学

1. 速度・加速度

問題 01

v–tグラフ　物理基礎

電車がA駅を出てからB駅に到着するまでの速度v〔m/s〕と経過時間t〔s〕の関係を測定したところ，B駅を通り過ぎていったん停止し，再び動き出してB駅に到着した。有効数字2桁で答えよ。

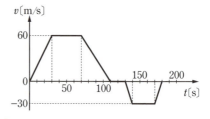

(1) A駅を発車後，30秒間の加速度の大きさ〔m/s²〕を求めよ。
(2) いったん停止するまでの間の，減速中の加速度の大きさ〔m/s²〕を求めよ。
(3) B駅を通り過ぎていったん停止した場所の，A駅からの距離〔m〕を求めよ。
(4) A駅とB駅の間の距離〔m〕を求めよ。

〈九州産業大〉

解説　v–tグラフは速度v〔m/s〕と時刻t〔s〕の関係を表しており，次のことが読み取れる。

Point　v–tグラフの特徴
グラフの傾き ⟶ 物体の加速度
グラフとt軸の囲む面積 ⟶ 物体の変位(移動距離)

(1) $t=0\sim30$〔s〕のグラフの傾きが，求める加速度になるので，

$$\frac{60-0}{30-0}=2.0 \text{〔m/s}^2\text{〕}$$

注　「有効数字2桁で答えよ。」の指示にしたがって，2 m/s²ではなく，2.0 m/s²と答えること。

(2) いったん停止したのは$t=110\sim130$〔s〕である。減速中の加速度は，$t=70\sim110$〔s〕のグラフの傾きを求めればよいので，

6

$$\frac{0-60}{110-70} = -1.5 \text{[m/s}^2\text{]}$$

加速度の「大きさ」を答えるので，1.5m/s^2 が答となる。

(3) 電車がどのように移動したのか，移動距離を v–t グラフから読み取ろう。

Point
v–t グラフでは，t 軸（横軸）よりも上の面積が正の変位，下の面積が負の変位を示す。

右の v–t グラフでは，上側の面積①がA駅からB駅にむかう向きの変位を，下側の面積②がその逆向きの変位を示している。面積①と面積②は台形であり，それぞれ次のように求められる。

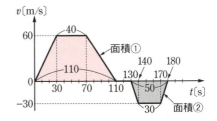

$$①: (40+110) \times 60 \times \frac{1}{2} = 4500 \text{[m]}$$

$$②: (30+50) \times 30 \times \frac{1}{2} = 1200 \text{[m]}$$

いったん停止した場所をC点とすると，電車はまずA駅からC点まで4500m（面積①）進み，C点でいったん停止し，その後，逆向きに1200m（面積②）進んでB駅に到着したことになる。よって，C点のA駅からの距離は，

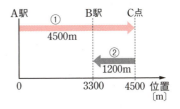

$$4500 = 4.5 \times 10^3 \text{[m]}$$

(4) (3)の図より，A駅とB駅の間の距離は，
$$4500 - 1200 = 3300 = 3.3 \times 10^3 \text{[m]}$$

注 (3)，(4)も「有効数字2桁で答えよ。」の指示にしたがって，それぞれ4500m，3300mではなく，4.5×10^3 m，3.3×10^3 m と答えること。

答 (1) 2.0m/s^2　(2) 1.5m/s^2　(3) $4.5 \times 10^3 \text{m}$　(4) $3.3 \times 10^3 \text{m}$

等加速度直線運動 ✓

物理基礎

次の文中の空欄にあてはまる数値を，有効数字2桁で記せ。

図のように，速さ20m/sで走ってきた電車の先頭が，ホームの先端Pの手前230m

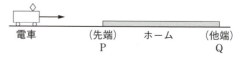

のところにさしかかったとき，ブレーキがかけられた。電車は等加速度で減速し，Pに到達したとき速さ3.0m/sとなった。そのときブレーキがゆるめられて，電車の先頭が長さ150mのホームの他端Qまで進んだところで止まった。

(1) 電車にはじめにブレーキがかけられてからPに達するまでの加速度の大きさは□m/s² である。

(2) 電車にはじめにブレーキがかけられてからPに達するまでにかかった時間は□sである。

(3) 電車がホームの先端Pから他端Qに達するまでにかかった時間は□sである。

〈東京工芸大〉

加速度が一定の運動を**等加速度運動**という。等加速度直線運動では，速度v[m/s]，時刻t[s]，変位s[m]の間に，次の関係がある。

公式　等加速度直線運動の公式

(i) 速度vと時刻tの関係式：$v = v_0 + at$

(ii) 変位sと時刻tの関係式：$s = v_0 t + \dfrac{1}{2} at^2$

(iii) 速度vと変位sの関係式：$v^2 - v_0^2 = 2as$

　　　　(v_0[m/s]：初速度　　a[m/s²]：加速度)

ここで，変位s[m]は位置の変化を表し，時刻$t=0$のとき位置$x=0$（原点）とすると，変位s[m]は位置x[m]と等しくなる。

(1) 公式 を用いる。どの公式を用いればよいのか判断するために，まず，問題文で与えられている値を確認しよう。

Pに達するまでの電車の運動について，初速度$v_0 = 20$〔m/s〕，変位$s = 230$〔m〕，速度$v = 3.0$〔m/s〕が与えられている。時間t〔s〕は与えられていないので，(i)または(ii)の1つの式だけでは，加速度を求めることはできない。

そこで，加速度を電車の進む向きにa〔m/s²〕として，(iii)に代入すると，

$$3.0^2 - 20^2 = 2 \cdot a \cdot 230 \qquad よって，\quad a = -0.85 \text{〔m/s}^2\text{〕}$$

$a < 0$となるが，これは加速度a〔m/s²〕の向きが，電車の進む向きとは逆ということを意味している。加速度の「大きさ」を答えるので，0.85m/s^2が答となる。

(2) 時間t〔s〕は(i)から求めることができる。(1)の答と合わせて，

$$3.0 = 20 + (-0.85) \cdot t \qquad よって，\quad t = 20 \text{〔s〕}$$

注 (ii)を用いてもよいが，2次方程式を解くことになり，計算が面倒になる。

(3) Pからは「ブレーキがゆるめられて」いるので，それまでとは加速度が異なる。そこで，Pでの速度を初速度として，PからQまでの等加速度直線運動を考えよう。

Pでの速度が初速度$v_0' = 3.0$〔m/s〕，Qまでの距離が変位$s' = 150$〔m〕，Qでの速度$v' = 0$〔m/s〕になる。加速度がわからないと，(i)や(ii)から時間は求められないので，(1)，(2)と同じ手順で解いていこう。

まず，(iii)から加速度a'〔m/s²〕を求めて，

$$0^2 - 3.0^2 = 2 \cdot a' \cdot 150 \qquad よって，\quad a' = -0.030 \text{〔m/s}^2\text{〕}$$

次に，求める時間をt'〔s〕として，(i)から，

$$0 = 3.0 + (-0.030) \cdot t' \qquad よって，\quad t' = 100 = 1.0 \times 10^2 \text{〔s〕}$$

注 答の確認として，用いなかった公式に代入してみるとよい。この場合，(ii)に求めたt'の値を代入してみると，

$$s' = 3.0 \cdot 100 + \frac{1}{2} \cdot (-0.030) \cdot 100^2 = 150 \text{〔m〕}$$

となる。これはホームの長さに等しいので，t'の値は正しいとわかる。

答 (1) 0.85（または，8.5×10^{-1}） (2) 20（または，2.0×10）
(3) 1.0×10^2

1. 速度・加速度 9

問題 03 相対速度・相対加速度 　　　　　　　　　　　　　　　　物理基礎

図1のように，一直線上で運動している物体AとBがある。時刻 $t=0$ において，物体AとBは4.0m離れていて，v–tグラフ(図2)のような等加速度直線運動をしていた。ある時間後，物体AとBは衝突した。ただし，速度と加速度は右向きを正にとるものとする。有効数字2桁で答えよ。

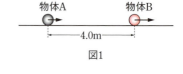

図1

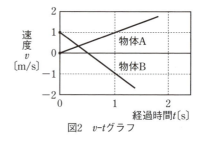

図2 　v–tグラフ

(1) 時刻 $t=0$ において，物体Aに対するBの相対速度はいくらか。
(2) 物体AがBに衝突するまでの，物体Aに対するBの相対加速度はいくらか。
(3) 物体AとBが衝突するまでの時間はいくらか。
(4) 物体AとBが衝突する直前の相対速度の大きさはいくらか。

〈弘前大〉

解説 　運動している観測者から見た物体の運動を**相対運動**という。
(1) 「Aに対するBの相対速度」とは，「Aから見たBの速度」すなわち「Aと一緒に運動する観測者から見たBの速度」のことである。

公式　相対速度

(Aに対するBの相対速度) ＝ (Bの速度) － (Aの速度)
　　Aが基準　　　　　　　　　　　　　　　基準を引く

図2のv–tグラフより，時刻 $t=0$ において，Aの速度は $v_A = 0$〔m/s〕，Bの速度は $v_B = 1.0$〔m/s〕である。よって，求める相対速度 v_{AB}〔m/s〕は，
$$v_{AB} = v_B - v_A = 1.0 - 0 = 1.0 〔\text{m/s}〕$$

(2) 速度と同じく，加速度も相対加速度を考えることができる。

> **公式** **相対加速度**
> (Aに対するBの相対加速度)＝(Bの加速度)−(Aの加速度)
>   Aが基準   基準を引く

図2のv-tグラフの傾きから，Aの加速度は$a_A = 1.0 [m/s^2]$，Bの加速度は$a_B = -2.0 [m/s^2]$と読み取れるので，求める相対加速度$a_{AB} [m/s^2]$は，

$$a_{AB} = a_B - a_A = -2.0 - 1.0 = -3.0 [m/s^2]$$

(3)　(1)，(2)で，Aに対するBの相対速度，相対加速度を求めた。これより，時刻$t = 0$におけるAに対するBの運動のようすを図示すると，下図のようになる。

はじめのBの位置を$x = 0 [m]$とし，右向きを正とすると，はじめのAの位置は$x = -4.0 [m]$になる。(3)で求める時間は，初速度を$v_0 = 1.0 [m/s]$，加速度を$a = -3.0 [m/s^2]$として，変位$s = -4.0 [m]$となるまでの時間$t[s]$と同じである。$s = v_0 t + \frac{1}{2} a t^2$より，

$$-4.0 = 1.0 \cdot t + \frac{1}{2} \cdot (-3.0) \cdot t^2$$

この式(tについての2次方程式)を解くと，

$$(3t + 4)(t - 2) = 0 \quad \text{これより，} \quad t = -\frac{4}{3}, 2$$

$t > 0$なので，$t = 2 = 2.0 [s]$を選べばよい。

(4)　衝突する直前の相対速度$v_{AB}' [m/s]$は，$v = v_0 + at$より，

$$v_{AB}' = 1.0 + (-3.0) \cdot 2.0 \quad \text{よって，} \quad v_{AB}' = -5.0 [m/s]$$

求める相対速度の「大きさ」は，5.0 m/sである。

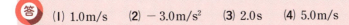

答　(1) 1.0 m/s　(2) −3.0 m/s²　(3) 2.0 s　(4) 5.0 m/s

問題 04 落体の運動 ① ✓ 　　　　　　　　　　　　物理基礎

図は，小球を初速度 19.6 m/s で鉛直上向きに投げ上げたとき，この小球が最高点に達し，その後，鉛直下向きに落ちてくるようすを示している。この運動において，小球が指先を離れる瞬間を時刻の基準とし，そのときの高さを 0 m とする。重力加速度の大きさを 9.8 m/s^2 とする。有効数字 2 桁で答えよ。

(1) この小球が最高点に達するのは何秒後か。
(2) 投げ上げた位置から最高点までの高さはいくらか。
(3) この小球が，投げ上げた位置に戻ってくるのは何秒後か。

〈東北工業大〉

解説

指先を離れた後，小球は一定の重力だけを受けるため，鉛直下向きの重力加速度 $g = 9.8 \text{ [m/s}^2\text{]}$ をもつ等加速度運動をする。

Point　落体の運動

空中に投げられた物体は，鉛直下向きの重力加速度 g をもつ等加速度運動をする。

(1) 等加速度直線運動の公式を用いて解いていくが，改めて次のことを注意しておこう。

Point

向きをもつ物理量（ベクトル量という）の関係式を立てるときは，必ず初めに正の向きを決めて，向きを正負の符号に対応づける。

鉛直上向きを正と決めて（鉛直下向きは負になる），等加速度直線運動の公式を用いよう。

鉛直投げ上げ運動では，最高点について次のことがいえる。

> ## Point
> 鉛直投げ上げ運動では，最高点に達したとき，速度が0。

最高点に達するまでの時間t_1〔s〕は，小球の速度が$v = 0$〔m/s〕になるときの時刻を求めればよい。初速度$v_0 = 19.6$〔m/s〕であり，重力加速度は鉛直下向きなので加速度$a = -9.8$〔m/s²〕として，$v = v_0 + at$より，

$$0 = 19.6 + (-9.8) \cdot t_1 \quad よって，\quad t_1 = 2.0〔s〕$$

(2) 求める高さh〔m〕は，$t_1 = 2.0$〔s〕における小球の変位と同じである。$s = v_0 t + \dfrac{1}{2}at^2$より，

$$h = 19.6 \cdot 2.0 + \frac{1}{2} \cdot (-9.8) \cdot 2.0^2$$

$$= 19.6$$

$$\fallingdotseq 20〔m〕$$

別解　$v^2 - v_0^2 = 2as$より，

$$0^2 - 19.6^2 = 2 \cdot (-9.8) \cdot h \quad よって，\quad h = 19.6 \fallingdotseq 20〔m〕$$

(3) 投げ上げた位置に戻るので，求める時間t_2〔s〕は，変位$s = 0$〔m〕となる時刻と同じである。$s = v_0 t + \dfrac{1}{2}at^2$より，

$$0 = 19.6 \cdot t_2 + \frac{1}{2} \cdot (-9.8) \cdot t_2{}^2 \quad これより，\quad t_2 = 0, \; 4.0〔s〕$$

$t_2 = 0$〔s〕は投げ上げた瞬間の時刻なので，$t_2 = 4.0$〔s〕を選べばよい。

注　上昇中と下降中の加速度は同じである。速度の向きは変わるが，一連の等加速度直線運動なので，上昇中と下降中を分けずに求められるようにしておこう。

答　(1) 2.0秒後　(2) 20m（または，2.0 × 10m）　(3) 4.0秒後

1. 速度・加速度　13

問題 05 落体の運動 ② 物理

図のように，小球が高さ a [m] の台上の点Aから水平方向に初速 v_0 [m/s] で飛び出し，水平面上の点Bに落下した。このとき，点Aと点Bの間の水平距離は a [m] であった。重力加速度の大きさを g [m/s^2] とする。

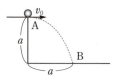

(1) 小球が点Aを飛び出してから点Bに落下するまでにかかる時間を，a と g を用いて表せ。
(2) v_0 を，a と g を用いて表せ。
(3) 点Bで水平面に衝突する直前の，小球の速さを求めよ。

〈千葉工業大〉

 放物運動では，運動のようすを水平方向と鉛直方向に分けて考える。物体にはたらいている力は鉛直下向きの重力のみで，水平方向には力がはたらいていない。そのため，それぞれの方向の運動は，次のようになる。

> **Point** 放物運動
> 水平方向：等速度運動（加速度なし）
> 鉛直方向：等加速度運動（加速度は下向きに重力加速度 g）

投げ出した瞬間を時刻の基準として，ある時刻 t における小球の速度と位置を，式で表してみよう。投げ出した点Aを原点として，水平右向きを x 軸正の向き，鉛直下向きを y 軸正の向きとする。

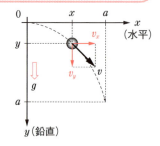

水平方向(x軸方向) 初速度v_0, 加速度0なので, 時刻tでの速度v_xと位置xは,

速度: $v_x = v_0 + 0 \cdot t$　これより, $v_x = v_0$ ……①

位置: $x = v_0 t + \dfrac{1}{2} \cdot 0 \cdot t^2$　これより, $x = v_0 t$ ……②

鉛直方向(y軸方向) 初速度0, 加速度gなので, 時刻tでの速度v_yと位置yは,

速度: $v_y = 0 + g \cdot t$　これより, $v_y = gt$ ……③

位置: $y = 0 \cdot t + \dfrac{1}{2} \cdot g \cdot t^2$　これより, $y = \dfrac{1}{2} g t^2$ ……④

(1) 点Bでは$y = a$〔m〕となる。求める時間をt_B〔s〕とすると, ④式を用いて,

$$a = \dfrac{1}{2} g t_B^2 \quad よって, \quad t_B = \sqrt{\dfrac{2a}{g}}〔\mathrm{s}〕$$

(2) 問題文より, 点Bでは$x = a$〔m〕とわかるので, ②式を用いて,

$$a = v_0 \cdot t_B \quad よって, \quad t_B = \dfrac{a}{v_0}$$

この時間t_B〔s〕は, (1)の答と等しい。すなわち,

$$\sqrt{\dfrac{2a}{g}} = \dfrac{a}{v_0} \quad よって, \quad v_0 = \sqrt{\dfrac{1}{2} ag}〔\mathrm{m/s}〕$$

(3) ①式から, 衝突する直前の水平方向の速度は,

$$v_x = v_0 = \sqrt{\dfrac{1}{2} ag}$$

③式から, 衝突する直前の鉛直方向の速度は,

$$v_y = g t_B = g \cdot \sqrt{\dfrac{2a}{g}} = \sqrt{2ag}$$

衝突する直前の速さ(速度の大きさ)をv〔m/s〕とすると, 三平方の定理から,

$$v^2 = v_x^2 + v_y^2 = \left(\sqrt{\dfrac{1}{2} ag}\right)^2 + (\sqrt{2ag})^2$$

よって, $v = \sqrt{\dfrac{5}{2} ag}$〔m/s〕

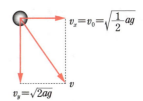

答 (1) $\sqrt{\dfrac{2a}{g}}$〔s〕　(2) $v_0 = \sqrt{\dfrac{1}{2} ag}$〔m/s〕　(3) $\sqrt{\dfrac{5}{2} ag}$〔m/s〕

落体の運動 ③

次の文中の空欄にあてはまる式を記せ。

図のように，$x=0$，$y=0$ の位置から角度 θ，初速 v (m/s) で，時刻 $t=0$ のとき打ち出された物体の運動を調べる。

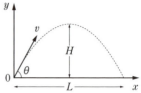

重力加速度の大きさを g (m/s^2) とすれば，時刻 t (s) での物体の水平方向の位置は $x=$ 〔(1)〕(m)，鉛直方向の位置は $y=$ 〔(2)〕(m) である。さらに，物体の最高点の高さ $H=$ 〔(3)〕(m)，水平到達距離 $L=$ 〔(4)〕(m) である。

〈中央大〉

　問題 05 の水平投射の場合と同様に，運動のようすを水平方向と鉛直方向に分けて考える。問題 05 と違うのは，斜方投射の場合は初速度を水平方向と鉛直方向に分解する点である。

Point
斜方投射では，初速度を水平方向と鉛直方向に分解する。

水平方向（x 軸方向）

右図より，初速度 $v\cos\theta$ であり，加速度 0 なので，時刻 t での速度 v_x と位置 x は，

　　　速度：$v_x = v\cos\theta$　……①
　　　位置：$x = v\cos\theta \cdot t$　……②

鉛直方向（y 軸方向）

初速度 $v\sin\theta$ であり，加速度 $-g$ なので，時刻 t での速度 v_y と位置 y は，

　　　速度：$v_y = v\sin\theta - gt$　……③
　　　位置：$y = v\sin\theta \cdot t - \dfrac{1}{2}gt^2$　……④

(1) ②式より，$x = v\cos\theta \cdot t$ 〔m〕

(2) ④式より，$y = v\sin\theta \cdot t - \dfrac{1}{2}gt^2$ 〔m〕

(3) 斜方投射の場合，最高点について次のことがいえる。

> **Point**
> 斜方投射の場合，最高点に達したとき，鉛直方向の速度が0。

最高点では，$v_y = 0$〔m/s〕になる。その時刻をt_1〔s〕として，③式を用いると，

$$0 = v\sin\theta - gt_1 \quad \text{これより，} \quad t_1 = \frac{v\sin\theta}{g}$$

最高点の高さH〔m〕は，④式にt_1を代入して，

$$H = v\sin\theta \cdot \frac{v\sin\theta}{g} - \frac{1}{2}g\left(\frac{v\sin\theta}{g}\right)^2 = \frac{v^2\sin^2\theta}{2g} \text{〔m〕}$$

別解 $0^2 - (v\sin\theta)^2 = 2(-g)H$ よって，$H = \dfrac{v^2\sin^2\theta}{2g}$〔m〕

(4) まず，打ち出された物体が，$y = 0$〔m〕の高さに戻ってくる時刻t_2〔s〕を求める。④式を用いると，

$$0 = v\sin\theta \cdot t_2 - \frac{1}{2}gt_2^2 \quad \text{これより，} \quad t_2 = 0, \frac{2v\sin\theta}{g}$$

$t_2 = 0$は打ち出した時刻なので，$t_2 = \dfrac{2v\sin\theta}{g}$を選べばよい。

水平到達距離L〔m〕は，②式にt_2を代入して，

$$L = v\cos\theta \cdot \frac{2v\sin\theta}{g} = \frac{2v^2\sin\theta\cos\theta}{g} = \frac{v^2\sin 2\theta}{g} \text{〔m〕}$$

注 この式から，初速vが一定ならば，$2\theta = 90°$すなわち$\theta = 45°$のときに水平到達距離は最大値$L = \dfrac{v_0^2}{g}$〔m〕をとることがわかる。

注 t_1とt_2について，$2t_1 = t_2$となっている。これは，「放物運動は最高点の位置で対称」になっていることを表している。

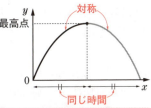

答 (1) $v\cos\theta \cdot t$ (2) $v\sin\theta \cdot t - \dfrac{1}{2}gt^2$ (3) $\dfrac{v^2\sin^2\theta}{2g}$

(4) $\dfrac{v^2\sin 2\theta}{g}$ $\left(\text{または，}\dfrac{2v^2\sin\theta\cos\theta}{g}\right)$

問題 07

2. 運動の法則

力のつり合い ✓ 〈物理基礎〉

図のように，質量m〔kg〕の小球が，点Pと点Qに固定された2本の糸AとBでつり下げられている。糸Aと天井とのなす角は30°，糸AとBとのなす角は90°に設定されている。重力加速度の大きさはg〔m/s²〕とする。

(1) 小球にはたらく重力の大きさを，mとgを用いて表せ。
(2) 糸Aが小球を引く力の大きさをF_A〔N〕とする。この力について，
　(ア) 水平成分の大きさを，F_Aを用いて表せ。
　(イ) 鉛直成分の大きさを，F_Aを用いて表せ。
(3) 糸Bが小球を引く力の大きさをF_B〔N〕とする。この力について，
　(ア) 水平成分の大きさを，F_Bを用いて表せ。
　(イ) 鉛直成分の大きさを，F_Bを用いて表せ。
(4) F_Aを，mとgを用いて表せ。
(5) F_Bを，mとgを用いて表せ。

〈摂南大〉

解説

物体にはたらく力は，次のように大きく2つに分けて考えていこう。

Point　物体にはたらく力
(i) 鉛直下向きの重力 ⟶ (質量)×(重力加速度)
(ii) 触れているものから受ける力

(ii)には，垂直抗力，摩擦力，糸の張力，ばねの弾性力などがある。

(1) 求める重力の大きさは，　mg〔N〕

(2) まずは，小球にはたらく力を，矢印で図示しよう（右図）。小球には，重力mg〔N〕と，糸の張力であるF_A，F_B〔N〕の3つの力がはたらいている。

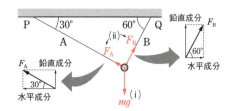

18

(ア)(イ)　F_A〔N〕を分解すると，前ページの図より，

$$水平成分：F_A\cos 30° = \frac{\sqrt{3}}{2}F_A〔N〕 \qquad 鉛直成分：F_A\sin 30° = \frac{1}{2}F_A〔N〕$$

(3) （ア)(イ)　(2)と同様に，

$$水平成分：F_B\cos 60° = \frac{1}{2}F_B〔N〕 \qquad 鉛直成分：F_B\sin 60° = \frac{\sqrt{3}}{2}F_B〔N〕$$

(4)　次に，力のつり合いの式を立てよう。

> ## Point
> 物体が静止 $\longrightarrow$ 直交する2方向（水平方向と鉛直方向など）に分けて，
> 　　　　　　　　力のつり合いの式を立てる。

　　小球にはたらく水平方向の力は，F_Aの水平成分とF_Bの水平成分である。水平方向について力のつり合いの式を立てると，

$$\frac{\sqrt{3}}{2}F_A = \frac{1}{2}F_B \quad \cdots\cdots ①$$

また，小球にはたらく鉛直方向の力は，F_Aの鉛直成分とF_Bの鉛直成分と重力である。鉛直方向について力のつり合いの式を立てると，

$$mg = \frac{1}{2}F_A + \frac{\sqrt{3}}{2}F_B \quad \cdots\cdots ②$$

①，②式より，F_Bを消去すると，

$$F_A = \frac{1}{2}mg〔N〕$$

(5)　①，②式より，F_Aを消去すると，

$$F_B = \frac{\sqrt{3}}{2}mg〔N〕$$

答　(1) $mg〔N〕$　　(2) (ア) $\frac{\sqrt{3}}{2}F_A〔N〕$　　(イ) $\frac{1}{2}F_A〔N〕$

(3) (ア) $\frac{1}{2}F_B〔N〕$　　(イ) $\frac{\sqrt{3}}{2}F_B〔N〕$　　(4) $\frac{1}{2}mg〔N〕$　　(5) $\frac{\sqrt{3}}{2}mg〔N〕$

浮 力 △○

物理基礎

図1のように，密度 ρ_1 [kg/m³] の木材で，各辺が L [m] の立方体の物体を作り，密度 ρ_0 [kg/m³] の液体に浮かべた。ここで，$\rho_1 < \rho_0$ である。重力加速度の大きさを g [m/s²] とする。

(1) このとき，物体が受けている浮力の大きさ F [N] を求めよ。

(2) 物体の液体中に沈む部分の体積 V [m³] を求めよ。

次に，図2のように，物体を指で静かに押して，つり合いの位置からさらに x [m] だけ沈めた。ただし，物体が沈みきることはないとする。

(3) このとき，指が押す力の大きさ f [N] を求めよ。

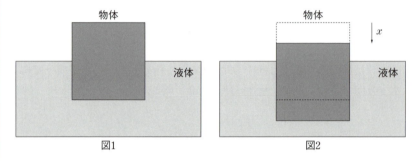

〈東邦大〉

(1) 物体は液体に浮かんで静止しているので，物体にはたらく力がつり合っている。物体にはたらく力は，重力と浮力である。物体の質量 M [kg] は，密度 ρ_1 [kg/m³] と体積 L^3 [m³] から，

$M = \rho_1 L^3$ [kg]

浮力 F は鉛直上向きに，重力 Mg は鉛直下向きにはたらくので，力のつり合いから，

$F = Mg$

M の値を代入して，

$F = \rho_1 L^3 g$ [N]　……①

(2) 浮力の大きさは，次のように表される。

公式	浮力の大きさ F [N]

$$F = \rho V g$$

$\begin{pmatrix} \rho \text{[kg/m}^3\text{]}：液体の密度 \\ V \text{[m}^3\text{]}：液体中にある物体の体積 \\ g \text{[m/s}^2\text{]}：重力加速度の大きさ \end{pmatrix}$

液体中にある物体の体積は，L^3[m³]ではなくV[m³]である（右図）。よって，物体が受けている浮力の大きさF[N]は，

$$F = \rho_0 V g \text{[N]}$$

これと①式より，

$$\rho_0 V g = \rho_1 L^3 g$$

よって， $V = \dfrac{\rho_1}{\rho_0} L^3$ [m³]　……②

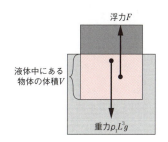

(3) 物体には，重力，浮力，指が押す力がはたらき，これらの力がつり合っている。

物体はさらにx[m]だけ液体中に入ったので（右図），体積$L^2 x$[m³]の分だけ浮力が大きくなる。このときの浮力の大きさをF'[N]とすると，

$$F' = \rho_0 (V + L^2 x) g \text{[N]}$$
……③

物体にはたらく力のつり合いの式を立てると，

$$F' = \rho_1 L^3 g + f$$

②，③式を代入して，

$$\rho_0 \left(\dfrac{\rho_1}{\rho_0} L^3 + L^2 x \right) g = \rho_1 L^3 g + f \quad \text{よって，} \quad f = \rho_0 L^2 x g \text{[N]}$$

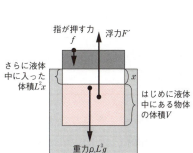

結局，指が押す力の大きさf[N]は，浮力の大きさの増えた分に等しい。

注　空気（気体）から受ける浮力もあるが，空気の密度は小さいので，多くの場合は空気から受ける浮力は無視して（0とみなして）解いて構わない。

答	(1) $F = \rho_1 L^3 g$ [N] 　(2) $V = \dfrac{\rho_1}{\rho_0} L^3$ [m³] 　(3) $f = \rho_0 L^2 x g$ [N]

2．運動の法則

問題 09 静止摩擦力 △○　物理基礎

水平なあらい床の上に置かれて静止している，質量 M [kg] の物体がある。この物体に力 F [N] を加えて，床の上で右向きに移動させたい。床と物体との間の静止摩擦係数を μ，重力加速度の大きさを g [m/s^2] とする。

(1) 図1のように，物体に対して水平右向きに力 F を加える場合を考える。力 F の大きさを0からしだいに大きくしていくと，力 F の大きさが F_0 になったところで物体が右に動き始めた。F_0 を求めよ。

次に，図2のように，物体に対して，水平方向から角度 θ だけ傾いた斜め右上向きに力 F を加える場合を考える。

(2) 力 F を加えて物体がまだ静止している状態における，水平方向と鉛直方向の力のつり合いの式を書け。ただし，床面が物体におよぼす垂直抗力の大きさを N [N]，摩擦力の大きさを R [N] とする。

(3) 力 F の大きさを0からしだいに大きくしていくと，力 F の大きさが F_1 になったところで物体が右に動き始めた。F_1 を求めよ。

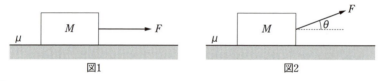

〈千葉大〉

 摩擦力のはたらく面を「あらい面」，はたらかない面を「なめらかな面」という。「あらい面」では，物体は進もうとする向きと**逆向きに摩擦力を受ける**。

静止摩擦力は物体にはたらく力に応じて変化するので，**動かそうとする力が大きくなると，静止摩擦力も大きくなる**。静止摩擦力には限界があり，その限界値が**最大摩擦力**である。

公式　静止摩擦力

（静止摩擦力）≦（最大摩擦力）＝（静止摩擦係数）×（垂直抗力）

※　物体が動き出す（すべり出す）直前のとき，静止摩擦力は最大摩擦力に等しくなる。

(1) 動かそうとする力が F_0〔N〕のとき，静止摩擦力は最大摩擦力と等しくなる（右図）。物体が床面から受ける垂直抗力の大きさを N_0〔N〕とすると，水平方向の力のつり合いから，

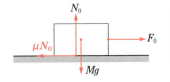

$$F_0 = \mu N_0$$

鉛直方向の力のつり合いから，

$$N_0 = Mg$$

よって，　$F_0 = \mu Mg$〔N〕

(2) 垂直抗力は，触れている面から垂直な向きに受ける力で，つり合うために生じている力である。

> **Point**
> 垂直抗力は，力の大きさを文字でおいて，面に垂直な方向の力のつり合いの式を立てて求める。

物体にはたらく力を図示しよう（右図）。F〔N〕を水平方向と鉛直方向に分解して，力のつり合いの式を立てると，

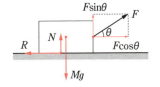

　　水平方向：$F\cos\theta = R$　……①
　　鉛直方向：$F\sin\theta + N = Mg$　……②

(3) 動き始めるとき，静止摩擦力 R〔N〕が最大摩擦力 μN〔N〕と等しくなる。
①式より，

$$R = F\cos\theta$$

②式より，

$$N = Mg - F\sin\theta$$ ←「垂直抗力＝重力」とは限らない！

$F = F_1$ のとき，$R = \mu N$ となるので，

$$F_1\cos\theta = \mu(Mg - F_1\sin\theta)$$

よって，　$F_1 = \dfrac{\mu Mg}{\cos\theta + \mu\sin\theta}$〔N〕

　(1) $F_0 = \mu Mg$〔N〕　　(2) 水平：$F\cos\theta = R$　　鉛直：$F\sin\theta + N = Mg$
　(3) $F_1 = \dfrac{\mu Mg}{\cos\theta + \mu\sin\theta}$〔N〕

問題 10 運動方程式 ① 　　　物理基礎

図のように，水平面からの傾斜角が θ のあらい斜面の下端A点に，質量 M [kg] の物体を置いた。この物体を，初速度 v_0 [m/s] で斜面に沿っ

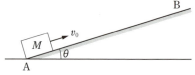

てまっすぐ上方に打ち出した。物体は斜面上を直線運動し，点Bまで上がって止まった。物体と斜面との間の動摩擦係数を μ'，重力加速度の大きさを g [m/s^2] とする。

(1) 物体が斜面上を運動しているとき，物体にはたらく動摩擦力の大きさはいくらか。

(2) 物体の加速度を a [m/s^2]（斜面に沿って上向きを正とする），物体にはたらく動摩擦力の大きさを f' [N] とするとき，斜面に沿って上方に運動しているときの物体の運動方程式はどうなるか。

(3) 物体が点Aから打ち出されてから点Bに到達するまでにかかった時間はいくらか。

(4) AB間の距離はいくらか。

〈北海道科学大〉

(1) あらい面上を物体が運動しているとき，物体は面から運動と逆向きに**動摩擦力**を受ける。

公式　動摩擦力
（動摩擦力）＝（動摩擦係数）×（垂直抗力）

まず，物体にはたらく力を図示しよう（右図）。垂直抗力の大きさを N [N] とする。次に，**物体は斜面に沿って運動するので，力を斜面方向と斜面に垂直な方向に分けよう**。斜面に垂直な方向の力のつり合いから，

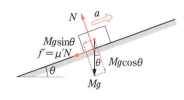

$$N = Mg\cos\theta$$

よって，動摩擦力の大きさは，$f' = \mu'N = \mu'Mg\cos\theta$ [N]

(2) 斜面方向の運動方程式を立てよう。

> **公式** **運動方程式**
> $$ma = F$$
> $\begin{pmatrix} m\text{〔kg〕：物体の質量} \\ a\text{〔m/s}^2\text{〕：物体の加速度} \\ F\text{〔N〕：物体にはたらく力の和} \end{pmatrix}$
> ※ 加速度と力は，同じ向きを正とする。

(1)の図より，物体にはたらいている運動方向（斜面方向）の力は，動摩擦力 f' と重力の斜面方向成分 $Mg\sin\theta$ である。どちらも加速度の正の向きと逆向きなので，運動方程式は，
$$Ma = -Mg\sin\theta - f'$$

(3) まず，(2)の式に(1)の答を代入して，加速度 a を求めると，
$$Ma = -Mg\sin\theta - \mu'Mg\cos\theta$$
これより， $a = -g(\sin\theta + \mu'\cos\theta)$

g, θ, μ' は一定値なので，物体は等加速度直線運動をすることがわかる。そこで，等加速度直線運動の公式を用いて解いていこう。点Bでは速度が0なので，等加速度直線運動の公式 $v = v_0 + at$ より，求める時間を t として，
$$0 = v_0 + \{-g(\sin\theta + \mu'\cos\theta)\} \cdot t$$
よって， $t = \dfrac{v_0}{g(\sin\theta + \mu'\cos\theta)}$ 〔s〕

(4) 等加速度直線運動の公式 $v^2 - v_0^2 = 2as$ より，求める距離を s として，
$$0^2 - v_0^2 = 2 \cdot \{-g(\sin\theta + \mu'\cos\theta)\} \cdot s$$
よって， $s = \dfrac{v_0^2}{2g(\sin\theta + \mu'\cos\theta)}$ 〔m〕

(1) $\mu'Mg\cos\theta$〔N〕 (2) $Ma = -Mg\sin\theta - f'$
(3) $\dfrac{v_0}{g(\sin\theta + \mu'\cos\theta)}$〔s〕 (4) $\dfrac{v_0^2}{2g(\sin\theta + \mu'\cos\theta)}$〔m〕

問題 11 運動方程式 ② ✓ 〔物理基礎〕

図のように，定滑車Pが天井からつるされている。この定滑車に糸をかけ，その両端に質量$3m$〔kg〕の物体Aとm〔kg〕の物体Bをつるし，支えていた手を静かに離したところ，物体は加速度a〔m/s²〕で動き始めた。ただし，加速度aは物体Bが上昇する向きを正とし，物体AとBをつなぐ糸の張力の大きさをT〔N〕とする。定滑車と糸の質量は無視できるものとする。また，重力加速度の大きさをg〔m/s²〕とする。

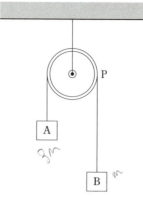

(1) 物体A，Bの運動方程式を，m，a，T，gを用いてそれぞれ表せ。
(2) Tを，m，gを用いて表せ。
(3) aを，gを用いて表せ。
(4) 定滑車Pをつるしている糸の張力の大きさを，m，gを用いて表せ。

〈摂南大〉

解説 (1) 運動方程式を立てるために，運動の正の向きと物体にはたらく力をはっきりさせよう。

糸でつながれた物体は連動し，Bが上昇するとAは下降する。加速度a〔m/s²〕は，Bについて上向きを正とするので，Aについては下向きが正となる。また，物体には重力の他に，糸の張力がはたらく。

Point
糸の張力の大きさは，糸の両端で同じになる。

途中に滑車があっても，両端の糸の張力の向きは変わるが，大きさは変わらない。

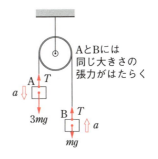

上図より，物体A，Bの運動方程式は，それぞれ次のように表される。
$$A: 3ma = 3mg - T \quad \cdots\cdots ① \qquad B: ma = T - mg \quad \cdots\cdots ②$$

(2)(3) 加速度 a [m/s²] と張力の大きさ T [N] は，①式と②式の連立方程式から求めることができる。① + ②より，
$$4ma = 2mg \quad よって，\quad a = \frac{1}{2}g \text{ [m/s²]}$$

この a を①式または②式に代入すれば，T [N] が求まる。①式に代入すると，
$$T = 3m(g - a) = 3m\left(g - \frac{1}{2}g\right) = \frac{3}{2}mg \text{ [N]}$$

(4) 定滑車Pについて，力のつり合いを考えよう。Pをつるしている糸の張力の大きさを S [N] とする。また，問題文より，Pの質量は無視できるので，Pにはたらく重力は0である。さらに，AとBをつなぐ糸もPに接触しているので，Pに対して左右それぞれの糸が

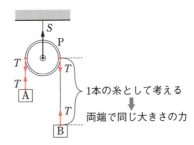

張力をおよぼしている（右上図）。Pにはたらく力のつり合いより，
$$S = 2T \quad よって，\quad S = 2 \cdot \frac{3}{2}mg = 3mg \text{ [N]}$$

答 (1) $A: 3ma = 3mg - T$　　$B: ma = T - mg$
(2) $T = \frac{3}{2}mg$ [N]　　(3) $a = \frac{1}{2}g$ [m/s²]　　(4) $3mg$ [N]

2. 運動の法則

運動方程式 ③

物理基礎

次の文中の空欄にあてはまる式を記せ。

図のような水平の床に置かれた質量 M [kg] の板の一端に，質量 m [kg] の物体をのせる。このとき，板と物体との間の静止摩擦係数を μ とする。床と板との間の摩擦は無視できるものとする。重力加速度の大きさを g [m/s²] とする。

(1) 板を水平右向きに大きさ F [N] の力で引く際，力 F や板と物体間の摩擦力の大きさにより，板上の物体がすべることがある。いま，力 F が十分に小さい場合を考える。このとき，力 F が作用した瞬間に物体は板上をすべることなく，板と一体となって動いた。このときの板の加速度を，F, M, m を用いて表すと ア [m/s²] であり，板と物体との間の摩擦力の大きさを，F, M, m を用いて表すと イ [N] である。

(2) 力 F がある大きさ F_0 を超えていれば，力を加えた瞬間に物体は板の上をすべり始める。力 F_0 で板を引いた場合，板と物体との間の摩擦力は最大摩擦力となる。この力の大きさを，m, g, μ を用いて表すと ウ [N] となり，力 F_0 の大きさを，M, m, g, μ を用いて表すと エ [N] となる。

〈工学院大〉

　2物体が一体となって運動している状態は，各物体が同じ加速度をもっている状態である。まとめて1物体として扱うこともできるが，物体どうしが互いにおよぼし合う力を問われる場合は，はじめから別々に考えていこう。

(1) ア　まず，次のことに注意して，物体と板が受ける力を図示しよう。

> **Point**　作用・反作用の法則
> 物体Aが物体Bに力（作用）をおよぼすとき，物体Bは物体Aに同じ大きさで逆向きの力（反作用）をおよぼし返す。

物体が板から受ける垂直抗力と，板が物体から受ける垂直抗力は，作用・反作用の法則より，同じ大きさで逆向きであり，この力の大きさを N_A [N] とする（右図）。また，板が床から受ける垂直抗力の大きさを N_B [N] とする。摩擦力については，次のように考えよう。

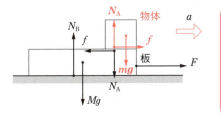

Point
重ねた2物体にはたらく摩擦力は，動かそうとする力を直接受けている物体の方から，摩擦力の向きを決める。

　動かそうとする力 F [N] を直接受けているのは**板**であり，その向きは**右向き**なので，板は大きさ f [N] の摩擦力（静止摩擦力）を**左向き**に受ける。この摩擦力は**板が物体から受ける力**なので，作用・反作用の法則より，**物体は板から右向きに**同じ大きさ f [N] の摩擦力を受ける。
　右向きを正として，物体と板それぞれについて運動方程式を立てると，
　　物体：$ma = f$ ……①　　板：$Ma = F - f$ ……②
①，②式より，f を消去して，
$$a = \frac{F}{m + M} \text{[m/s}^2\text{]}$$

(イ) (ア)の答を①式に代入して，
$$f = \frac{m}{m + M} F \text{[N]}$$

(2) (ウ) 物体にはたらく力の，鉛直方向のつり合いから，
　　　$N_A = mg$
　よって，最大摩擦力の大きさは，　$\mu N_A = \mu mg$ [N]

(エ) (イ)は，物体が受ける摩擦力 f と力 F の関係を示している。$F = F_0$ のとき，f が(ウ)で求めた最大摩擦力になるので，
$$\mu mg = \frac{m}{m + M} F_0 \quad \text{よって，} \quad F_0 = \mu(m + M)g \text{[N]}$$

答 (1) (ア) $\dfrac{F}{m + M}$　(イ) $\dfrac{m}{m + M} F$　(2) (ウ) μmg　(エ) $\mu(m + M)g$

3. 剛体のつり合い

剛体のつり合い ① ▲　　　　　　　　　　　　　物理

図のように，長さ6.0m，質量80kgの一様な薄い板CDが，4.0m離れた支柱A，Bで水平に支えられている。質量60kgの人がC端からD端まで静かに歩いていく。支柱A，B

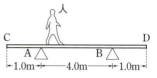

から板が受ける力の大きさをそれぞれR_A，R_B〔N〕とし，重力加速度の大きさを$9.8 m/s^2$とする。有効数字2桁で答えよ。
(1) $R_A + R_B$の大きさはいくらか。
(2) 人がAの上にきたとき，R_A，R_Bを求めよ。

〈福井工業大〉

 大きさをもつが変形しない物体を**剛体**といい，剛体が静止しているときは，次の2つの式を立てて，連立して解く。

> **Point**　剛体のつり合い
> 剛体が静止 ─(i) 力のつり合いの式を立てる
> 　　　　　 └(ii) 力のモーメントのつり合いの式を立てる
> 　　　　　　　　＝(力)×(うでの長さ)

ここで，力のつり合いの式は**剛体の重心位置が移動しないこと**を，力のモーメントのつり合いの式は**剛体が回転しないこと**を意味する。

(1) 板と人を一体とみなして，この物体にはたらいている力を図示しよう(右図)。一様な板では，板の中心に重力がはたらくと考えてよい(一様でない場合は，中心に重力がはたらくと考えてはいけない！)。ここで，人が板から受

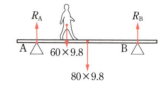

ける垂直抗力と板が人から受ける垂直抗力は，作用・反作用の法則より，等大逆向きで打ち消し合うので，図示する必要はない。

力のつり合いより，
$$R_A + R_B = 80 \times 9.8 + 60 \times 9.8$$
よって，　$R_A + R_B = 1372 \fallingdotseq 1.4 \times 10^3$〔N〕

(2) このとき，はたらいている力を図示して（右図），力のモーメントのつり合いの式を立てよう。ここで，計算量を少なくするためにも，次のことに気をつけておこう。

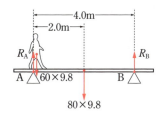

Point
回転の軸（中心）が指定されていない場合，どの点を軸と考えても構わない。―→ 多くの力がはたらいている点を軸にすると，力のモーメントのつり合いの式が簡単になる。

　R_A〔N〕と60×9.8〔N〕の2つの力がはたらいている点，すなわちAと接する点を回転の軸にすると，R_A〔N〕と60×9.8〔N〕の力のモーメントが0になる。力のモーメントのつり合いの式は，

$$R_B \times 4.0 = 80 \times 9.8 \times 2.0$$

　　　反時計まわり　　時計まわり

よって，　$R_B = 392 \fallingdotseq 3.9 \times 10^2$〔N〕
また，(1)より，

$$R_A = 1372 - R_B = 1372 - 392 = 980 = 9.8 \times 10^2 \text{〔N〕}$$

　　　　　　　　　計算では，有効数字2桁にする前の値を使う

答
(1) $R_A + R_B = 1.4 \times 10^3$〔N〕
(2) $R_A = 9.8 \times 10^2$〔N〕　　$R_B = 3.9 \times 10^2$〔N〕

3. 剛体のつり合い

問題 14 剛体のつり合い ②

図のように，長さ l [m]，質量 M [kg] の一様な棒の，左端Aを壁に垂直に接触させ，右端Bから長さ $\frac{l}{4}$ [m] のところに軽い糸をつけて水平に支えた。このとき，糸は壁の点Cに固定され，糸と壁との角度は45°であった。重力加速度の大きさを g [m/s²]，壁と棒との間の静止摩擦係数を μ とする。

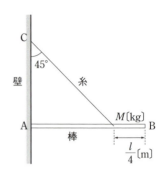

(1) 糸の張力の大きさを求めよ。
(2) 棒が壁から受ける垂直抗力の大きさを求めよ。
(3) 棒と壁との間にはたらく摩擦力の大きさを求めよ。
(4) 棒がつり合いを保つことから，μ が満たす条件を求めよ。

〈東海大〉

 (1) 棒にはたらく力を考えよう。棒には重力，糸の張力，Aで壁から受ける垂直抗力と摩擦力がはたらいている。張力の大きさを T [N]，垂直抗力の大きさを N [N]，摩擦力(静止摩擦力)の大きさを f [N] として力を図示すると，上図のようになる。

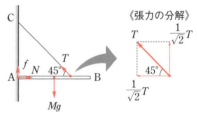

注 物体が面から受ける力を**抗力**という。抗力の，面に垂直な成分が垂直抗力であり，平行な成分が摩擦力である。Aでの抗力を図示すると，右図のようになる。

水平方向と鉛直方向について，力のつり合いの式を立てると，

水平方向：$N = \frac{1}{\sqrt{2}} T$ ……①

鉛直方向：$\frac{1}{\sqrt{2}} T + f = Mg$ ……②

また，Aのまわりの(Aを回転の軸とした)力のモーメントのつり合いの式を

立てよう。ここで，次のことに注意しよう。

> **Point**
> 回転の軸にはたらいている力のモーメントは0である。棒に平行な力のモーメントは0である。

力のモーメントが0にならないのは，右図の2力だけなので，

$$\frac{1}{\sqrt{2}}T \times \frac{3}{4}l = Mg \times \frac{l}{2} \quad \cdots\cdots ③$$

③式より，

$$T = \frac{2\sqrt{2}}{3}Mg \text{ [N]}$$

(2) ①式に(1)の答を代入して，

$$N = \frac{1}{\sqrt{2}}T = \frac{1}{\sqrt{2}} \cdot \frac{2\sqrt{2}}{3}Mg = \frac{2}{3}Mg \text{ [N]}$$

(3) ②式に(1)の答を代入して，

$$f = Mg - \frac{1}{\sqrt{2}}T = Mg - \frac{1}{\sqrt{2}} \cdot \frac{2\sqrt{2}}{3}Mg = \frac{1}{3}Mg \text{ [N]}$$

注 はじめに「摩擦力の向きが鉛直上向きか鉛直下向きか？」で悩んだかもしれないが，鉛直上向きに仮定したfが，$f = \frac{1}{3}Mg > 0$と求められたので，これより，摩擦力（静止摩擦力）の向きは鉛直上向きであったことがわかる。

(4) 棒がつり合いを保っているとき，棒は静止し，壁から受けている摩擦力は静止摩擦力である。このとき，**静止摩擦力≦最大摩擦力**より，求める条件は，

$$f \leqq \mu N$$

(2)，(3)の結果から，

$$\frac{1}{3}Mg \leqq \mu \cdot \frac{2}{3}Mg \quad \text{よって，} \quad \mu \geqq \frac{1}{2}$$

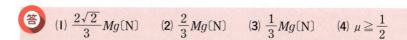

答 (1) $\frac{2\sqrt{2}}{3}Mg$ [N]　(2) $\frac{2}{3}Mg$ [N]　(3) $\frac{1}{3}Mg$ [N]　(4) $\mu \geqq \frac{1}{2}$

問題 15 剛体のつり合い ③

図のように，なめらかな鉛直壁と水平なあらい床との間に，質量 M [kg]，長さ l [m] の一様な細い棒が，水平から θ の角をなすように立てかけた状態で静止している。棒は点 A で壁に接し，点 B で床に接している。また，点 G は棒の重心の位置を示している。重力加速度の大きさを g [m/s^2] とする。また，棒が点 A で壁から受ける垂直抗力の大きさを

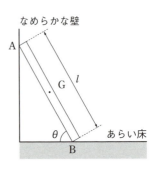

N_A [N]，棒が点 B で床から受ける垂直抗力の大きさを N_B [N]，棒と床との間の摩擦力の大きさを F_B [N] とする。

(1) 棒にはたらくそれぞれの力の作用点と向きを，ベクトルを用いて図中に示せ。
(2) 点 B のまわりの力のモーメントのつり合いの式を示せ。
(3) 床から受ける垂直抗力の大きさ N_B を，M，g を用いて表せ。
(4) 棒と床との間の摩擦力の大きさ F_B を，M，g，θ を用いて表せ。

〈奈良女子大〉

 (1) 棒にはたらく力を考えよう。水平方向には，右向きに大きさ N_A の垂直抗力がはたらいているので，点 B で受ける大きさ F_B の摩擦力（静止摩擦力）は左向きにはたらくことでつり合う。よって，棒にはたらく力を図示すると，右図のようになる。

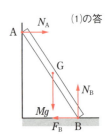

(1)の答

(2) 「点 B のまわりの力のモーメント」なので，(1)の図より，N_B と F_B によるモーメントは 0 になる。N_A と Mg については，そのままでは**回転の軸（点 B）と作用点を結ぶ直線**が，**力**と直交していない。この場合，力のモーメントを求めるには，力を分解する方法と，直線の長さを分解する方法の 2 つがある。

> **Point**
> 回転の軸と作用点を結ぶ直線が，力と直交しないときは，
> （ⅰ）力を分解し，直線に垂直な成分をとる。
> （ⅱ）力を作用線上で移動させて，うでの長さは作用線に垂直な方向で測る。

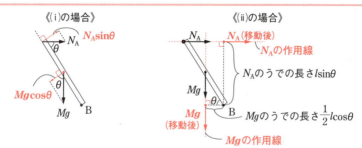

（ⅰ），（ⅱ）どちらの場合でも，力のモーメントは，

N_A によるモーメント：$N_A l \sin\theta$

Mg によるモーメント：$\dfrac{1}{2} Mgl \cos\theta$

よって，求める力のモーメントのつり合いの式は，

$$\dfrac{1}{2} Mgl \cos\theta = N_A l \sin\theta \quad \cdots\cdots ①$$

(3) 水平方向と鉛直方向，それぞれについて力のつり合いの式を立てると，

水平方向：$N_A = F_B$ ……②
鉛直方向：$N_B = Mg$ ……③

③式より，$N_B = Mg$〔N〕

(4) まず，①式より，$N_A = \dfrac{Mg\cos\theta}{2\sin\theta} = \dfrac{Mg}{2\tan\theta}$

これを②式に代入して，$F_B = N_A = \dfrac{Mg}{2\tan\theta}$〔N〕

答 (1) 解説図を参照　(2) $\dfrac{1}{2} Mgl \cos\theta = N_A l \sin\theta$

(3) $N_B = Mg$〔N〕　(4) $F_B = \dfrac{Mg}{2\tan\theta}$〔N〕

3. 剛体のつり合い　35

4. 仕事とエネルギー

問題 16 仕事と運動エネルギー 〔物理基礎〕

次の文中の空欄にあてはまる式または数値を記せ。

傾き60°のなめらかな斜面上の点Aで，質量m[kg]の物体に斜面に沿って上向きに初速度v[m/s]を与えた後，斜面に沿って上向きに大きさF[N]の一定の力を加えながらAの斜面上方d[m]の距離にある点Bまで動かした。物体がAからBまで動く間に，力Fが物体にした仕事は (1) [N・m]である。この間に重力が物体にした仕事は (2) [N・m]であり，垂直抗力が物体にした仕事は (3) [N・m]である。また，物体がBに達したときの速さは (4) [m/s]である。ただし，重力加速度の大きさをg[m/s²]とする。

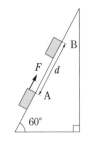

〈南山大〉

解説

物体に一定の力がはたらくとき，その力のする仕事は，次の式で表される。

公式 仕事 W[N・m]（=[J]）

$$W = Fs\cos\theta$$

F[N]：物体にはたらく力
s[m]：物体の変位
θ：力と変位のなす角

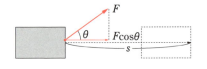

(1) 力の向きと変位の向きのなす角をはっきりさせながら，力を図示しよう（右図）。力Fと変位dのなす角は0°（同じ向き）なので，求める仕事W_F[N・m]は，

$$W_F = F \cdot d\cos 0° = Fd \text{[N・m]}$$

(2) 重力mgと変位dのなす角は150°なので，求める仕事W_g[N・m]は，

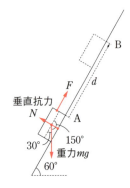

$$W_g = mg \cdot d\cos 150° = mgd\left(-\frac{\sqrt{3}}{2}\right) = -\frac{\sqrt{3}}{2}mgd \text{(N·m)}$$

別解 θ が $90°$ を超える場合は，仕事をはじめから負として，力と移動方向のなす角で考えてもよい。

$$W_g = -mg \cdot d\cos 30° = -\frac{\sqrt{3}}{2}mgd \text{(N·m)}$$

(3) 垂直抗力 N と変位のなす角は $90°$ なので，求める仕事 W_N〔N·m〕は，
$$W_N = N \cdot d\cos 90° = Nd \cdot 0 = 0 \text{(N·m)}$$

(4) 物体のエネルギーに着目して，解いていこう。

公式 運動エネルギー K〔J〕

$$K = \frac{1}{2}mv^2 \qquad (m\text{(kg)}：質量 \qquad v\text{(m/s)}：速さ)$$

この運動エネルギーは，外から仕事をされることで変化する。

公式 運動エネルギーと仕事の関係

（物体の運動エネルギーの変化）＝（すべての力による仕事）

Bに達したときの物体の速さを v_B〔m/s〕とする。運動エネルギーと仕事の関係より，（変化量）＝（変化後の量）－（変化前の量）なので，

$$\underbrace{\frac{1}{2}mv_B{}^2 - \frac{1}{2}mv^2}_{\text{運動エネルギーの変化}} = \underbrace{W_F + W_g + W_N}_{\text{すべての力による仕事}}$$

すなわち，$\dfrac{1}{2}mv_B{}^2 - \dfrac{1}{2}mv^2 = Fd + \left(-\dfrac{\sqrt{3}}{2}mgd\right) + 0$

よって，$v_B = \sqrt{v^2 + \left(\dfrac{2F}{m} - \sqrt{3}\,g\right)d} \text{(m/s)}$

答 (1) Fd (2) $-\dfrac{\sqrt{3}}{2}mgd$ (3) 0 (4) $\sqrt{v^2 + \left(\dfrac{2F}{m} - \sqrt{3}\,g\right)d}$

4. 仕事とエネルギー　**37**

問題 17 仕事と力学的エネルギー ①   物理基礎

図のように，水平面と角度 θ をなすあらい斜面がある。斜面の下端Oから l [m]のところに，質量 m [kg]の物体Aを置くと，物体Aがすべり始めた。重力加速度の大きさを g [m/s²]とし，動摩擦係数を μ' とする。

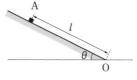

(1) 水平面を基準面として，すべり始める直前の，物体Aの重力による位置エネルギー U [J]を求めよ。
(2) 運動中の物体Aにはたらく動摩擦力の大きさ f [N]を求めよ。
(3) 下端Oまですべり降りたとき，動摩擦力によって失われた力学的エネルギー ΔE [J]を求めよ。
(4) 下端Oに到達したときの物体Aの速さ v [m/s]を求めよ。

〈山口大〉

解説

(1) 重力による位置エネルギーは，次の式で表される。

公式　重力による位置エネルギー U [J]

$$U = mgh$$

$\begin{pmatrix} m\text{[kg]}：質量 & h\text{[m]}：基準面からの高さ \\ g\text{[m/s}^2\text{]}：重力加速度の大きさ \end{pmatrix}$

すべり始める直前，物体Aは基準面（水平面）よりも $l\sin\theta$ [m]だけ高い位置にあるので，求める位置エネルギー U [J]は，

$$U = mgl\sin\theta \text{ [J]}$$

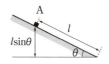

(2) 物体Aにはたらく垂直抗力の大きさは，$N = mg\cos\theta$ [N]なので，
$$f = \mu'N = \mu'mg\cos\theta \text{ [N]}$$

(3) 運動エネルギーと位置エネルギーの和を**力学的エネルギー**という。位置エネルギーには重力によるもの以外に，弾性力によるものなどもある。これらの力を**保存力**といい，保存力のする仕事は移動経路によらず，始めと終わり

の位置だけで決まる。一方，移動経路によって仕事が変化する力を**非保存力**といい，**動摩擦力や空気抵抗などは非保存力**である。力学的エネルギーと仕事の間には，次の関係が成り立つ。

> 公式　力学的エネルギーと仕事の関係
> （物体の力学的エネルギーの変化）＝（非保存力による仕事）

物体Aにはたらく非保存力は，動摩擦力のみである。すなわち，動摩擦力による仕事が，Aの力学的エネルギーの変化と等しくなる。

$$（力学的エネルギーの変化）= -f \cdot l = -\mu' mgl\cos\theta$$

負の符号（−）は減少，すなわち「失われた」ことを意味しているので，求める失われた力学的エネルギー ΔE〔J〕は，

$$\Delta E = \mu' mgl\cos\theta \,〔\mathrm{J}〕$$

注　ΔE〔J〕は，動摩擦力によって発生した摩擦熱を表している。

(4)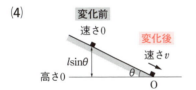

変化前 { 運動エネルギー $K_1 = 0$
　　　　重力による位置エネルギー $U_1 = mgl\sin\theta$

変化後 { 運動エネルギー $K_2 = \dfrac{1}{2}mv^2$
　　　　重力による位置エネルギー $U_2 = 0$

力学的エネルギーと仕事の関係を考えよう。

$$\underbrace{\left(\frac{1}{2}mv^2 + 0\right)}_{\text{変化後の力学的エネルギー } K_2 + U_2} - \underbrace{(0 + mgl\sin\theta)}_{\text{変化前の力学的エネルギー } K_1 + U_1} = \underbrace{-\mu' mgl\cos\theta}_{\text{非保存力による仕事}}$$

よって，　$v = \sqrt{2gl(\sin\theta - \mu'\cos\theta)}$〔m/s〕

別解　運動エネルギーと仕事の関係を考えてもよい。

$$\frac{1}{2}mv^2 - 0 = \underbrace{mgl\sin\theta}_{\text{重力による仕事}} - \mu' mgl\cos\theta$$

となり，同じ v が求められる。

(1) $U = mgl\sin\theta$〔J〕　　(2) $f = \mu' mg\cos\theta$〔N〕
(3) $\Delta E = \mu' mgl\cos\theta$〔J〕　　(4) $v = \sqrt{2gl(\sin\theta - \mu'\cos\theta)}$〔m/s〕

仕事と力学的エネルギー ②

物理基礎

ばね定数k〔N/m〕の軽いばねの一端に，質量m〔kg〕のおもりAをつけたばね振り子がある。このばね振り子をあらく水平な床面上

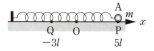

に置き，ばねの他端を固定する。ばねが自然長のときのAの位置を原点Oとする。図のように，Aを原点Oから点P($x = 5l$〔m〕)まで引っ張って，静かにはなした。Aは左向きに運動し始め，点Oを通過した。その後，$x = -3l$〔m〕の点Qで静止した。床面とAとの間の動摩擦係数をμとし，重力加速度の大きさをg〔m/s²〕とする。

(1) Aが点PからQまで運動する間に，動摩擦力のする仕事W〔N·m〕を求めよ。

(2) Aが点PからQまで運動するときの，Aの力学的エネルギーの変化量ΔE〔J〕を求めよ。

(3) $\Delta E = W$が成り立つことを用いて，μを求めよ。

〈千葉工業大〉

 ばねが自然長から伸びたり縮んだりしているとき，ばねの両端には自然長に戻ろうとする向きに力が生じる。この力を**弾性力**という。

公式 弾性力の大きさF〔N〕

$$F = kx$$

（k〔N/m〕：ばね定数　　x〔m〕：伸び縮み）

※ 弾性力の向きは，自然長に戻ろうとする向き。

また，ばねは伸びたり縮んだりしているとき，**弾性エネルギー**を蓄えている。弾性エネルギーは**弾性力による位置エネルギー**ともいう。

> **公式** 　**弾性力による位置エネルギー（弾性エネルギー）U〔J〕**
>
> $$U = \frac{1}{2}kx^2 \qquad (k\text{〔N/m〕：ばね定数} \quad x\text{〔m〕：伸び縮み})$$

(1)　おもりAにはたらく動摩擦力の大きさはμmg〔N〕で，PからQまでの移動距離は$8l$〔m〕である。よって，求める仕事W〔N・m〕は，

$$W = -\mu mg \cdot 8l = -8\mu mgl \text{〔N・m〕}$$

(2)　求めるのは「力学的エネルギーの変化量」なので，おもりAの運動エネルギーと位置エネルギーの和の変化量を考える。

　　Aは水平方向に運動しているので，高さが変化しておらず重力による位置エネルギーは考えなくてよい。また，点P，点Qは自然長（原点O）からずれた位置なので，点P，点Qにおいて，Aは弾性力による位置エネルギーをもつ。点P，Qにおける，弾性力による位置エネルギーU_P，U_Q〔J〕は，それぞれ，

$$U_P = \frac{1}{2}k(5l)^2 = \frac{25}{2}kl^2 \qquad U_Q = \frac{1}{2}k(3l)^2 = \frac{9}{2}kl^2$$

点Pでは「静かにはなし」，点Qでは「静止した」ので，それぞれの点で速さは0，すなわち，運動エネルギーK_P，K_Q〔J〕も0になる。よって，

$$\Delta E = \underbrace{\left(0 + \frac{9}{2}kl^2\right)}_{\text{変化後}K_Q + U_Q} - \underbrace{\left(0 + \frac{25}{2}kl^2\right)}_{\text{変化前}K_P + U_P} = -8kl^2 \text{〔J〕}$$

(3)　$\Delta E = W$より，

$$-8kl^2 = -8\mu mgl \qquad \text{よって，} \quad \mu = \frac{kl}{mg}$$

注　ここで，p.39 **公式** **力学的エネルギーと仕事の関係**とp.37 **公式** **運動エネルギーと仕事の関係**の違いを，しっかりとおさえておこう。

　　保存力である重力・弾性力について，位置エネルギーを考えるのが「力学的エネルギーと仕事の関係」であり，仕事を考えるのが「運動エネルギーと仕事の関係」である。**1つの式の中で，重力・弾性力の位置エネルギーと仕事を同時に考えることはない！**

答　(1) $W = -8\mu mgl$〔N・m〕　(2) $\Delta E = -8kl^2$〔J〕　(3) $\mu = \dfrac{kl}{mg}$

問題 19 力学的エネルギー保存の法則 ①

物理基礎

次の文中の空欄にあてはまる式を記せ。

図のように，床面から高さ h [m]の点Aで静止している質量 m [kg]の小物体が，なめらかな斜面に沿ってすべり始めた。小物体は高さ $\frac{h}{2}$ [m]の点Bを通過し，やがて水平面上の点Cに達した。この後，小物体は水平なあらい床面上を距離 l [m]だけすべって，点Dで静止した。床面の動摩擦係数を μ，重力加速度の大きさを g [m/s^2]とする。

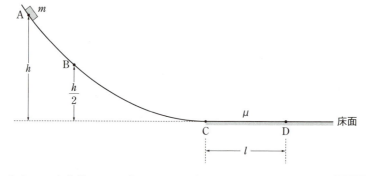

(1) 点Aでの小物体のもつ位置エネルギーは，床面を基準として ☐ [J]である。
(2) この小物体が点Bに達したときの速さは ☐ [m/s]となる。
(3) この小物体が点Cに達したときの速さは ☐ [m/s]となる。
(4) この小物体が移動した点Cと点D間の距離 l は ☐ [m]である。

〈東海大〉

(1) 点Aは床面からの高さが h [m]なので，求める位置エネルギー U_A [J]は，
$U_A = mgh$ [J]

(2) 点Aから点Bまで移動するとき，小物体にはたらく力は，重力，斜面から受ける垂直抗力の2つである。垂直抗力の向きは速度(変位)の向きとつねに垂直なので，垂直抗力のする仕事について，次のことをおさえておこう。

> **Point**
> 物体が固定された面に沿って動くとき，垂直抗力による仕事は0。

ここで，力学的エネルギーと仕事の関係を考えよう（→p.39）。いま，**保存力である重力は仕事をするが，非保存力である垂直抗力は仕事をしない**。よって，次の**力学的エネルギー保存の法則**が成り立つことがわかる。

> **Point** 力学的エネルギー保存の法則
> 非保存力が仕事をしないとき，力学的エネルギーは変化せず一定である。

点Bでの速さをv_B〔m/s〕として，運動エネルギーと重力による位置エネルギーの和に着目すると，力学的エネルギー保存の法則より，

$$\underbrace{0 + mgh}_{\text{点A}} = \underbrace{\frac{1}{2}mv_B^2 + mg \cdot \frac{h}{2}}_{\text{点B}} \qquad よって, \quad v_B = \sqrt{gh}〔m/s〕$$

(3) 点Cでの速さをv_C〔m/s〕として，力学的エネルギー保存の法則より，

$$\underbrace{\frac{1}{2}mv_B^2 + mg \cdot \frac{h}{2}}_{\text{点B}} = \underbrace{\frac{1}{2}mv_C^2 + 0}_{\text{点C}}$$

(2)で求めたv_Bの値を代入して， $v_C = \sqrt{2gh}$〔m/s〕

別解 点Aと点Cを比較して，力学的エネルギー保存の法則を用いてもよい。

$$0 + mgh = \frac{1}{2}mv_C^2 + 0 \qquad よって, \quad v_C = \sqrt{2gh}〔m/s〕$$

(4) 点Cから点Dまでは，**動摩擦力が仕事をするので，力学的エネルギー保存の法則は成り立たない**。力学的エネルギー（運動エネルギー）と仕事の関係より，

$$0 - \frac{1}{2}mv_C^2 = -\mu mgl \quad ←（力学的エネルギーの変化）＝（非保存力による仕事）$$

(3)で求めたv_Cの値を代入して， $l = \dfrac{h}{\mu}$〔m〕

 (1) mgh (2) $\sqrt{gh}$ (3) $\sqrt{2gh}$ (4) $\dfrac{h}{\mu}$

4. 仕事とエネルギー

問題 20 力学的エネルギー保存の法則 ②

次の文中の空欄にあてはまる式を記せ。

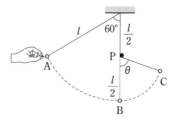

図のように,質量m〔kg〕の小球を,長さl〔m〕の軽くて細い糸で天井からつるし,これを鉛直方向に対して糸の傾きが60°となるように,位置Aまで水平方向に引いた後,静かに放した。小球は最下点Bを通過する瞬間に,糸の中心が点Pにある釘に触れて,その後,点Pを中心とする運動に変わった。ただし,重力加速度の大きさをg〔m/s²〕とする。

小球を放す前に,水平方向に引いている力の大きさF〔N〕と糸が小球を引く力の大きさT〔N〕はそれぞれ,m,gを用いて,

$F =$ (1) 〔N〕
$T =$ (2) 〔N〕

と表される。小球が運動を開始し,最下点Bを通過するときの速さv〔m/s〕は,g,lを用いて,

$v =$ (3) 〔m/s〕

となる。その後,小球は点Pを中心とする運動を続け,鉛直方向とθの角をなす点Cを通った。このとき,小球の速さv'〔m/s〕は,g,l,θを用いて,

$v' =$ (4) 〔m/s〕

と書くことができる。

〈秋田大〉

 (1)(2) 小球にはたらく力を図示して(右図),水平方向と鉛直方向について力のつり合いの式を立てよう。

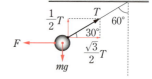

水平方向:$\dfrac{\sqrt{3}}{2}T = F$ ……①

鉛直方向:$\dfrac{1}{2}T = mg$ ……②

②式より,

$T = 2mg$〔N〕

これを①式に代入して,

$$F = \frac{\sqrt{3}}{2}T = \frac{\sqrt{3}}{2} \cdot 2mg = \sqrt{3}\,mg \text{[N]}$$

(3) 運動中，小球にはたらく力は，重力，糸の張力の2つである。張力がする仕事について，次のことをおさえておこう。

> **Point**
> 糸につながれた物体が円を描く運動をするとき，張力による仕事は0。
> (張力と速度(変位)の向きがつねに垂直なので！)

よって，力学的エネルギー保存の法則が成り立つことがわかる。ここで，重力による位置エネルギーの基準(高さ0)が指定されていないので，点Bを基準にしよう。

> **Point**
> 重力による位置エネルギーの基準(高さ0)は，変化の前後で低い方にするとよい。

力学的エネルギー保存の法則より，

$$\underbrace{0 + mg \cdot \frac{l}{2}}_{\text{点A}} = \underbrace{\frac{1}{2}mv^2 + 0}_{\text{点B}}$$

よって，　$v = \sqrt{gl}$ [m/s]

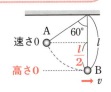

(4) 点Bを基準(高さ0)とすると，点Cの高さは $\frac{l}{2} - \frac{l}{2}\cos\theta$ と表せる(右図)。力学的エネルギー保存の法則より，

$$\underbrace{\frac{1}{2}mv^2 + 0}_{\text{点B}} = \underbrace{\frac{1}{2}mv'^2 + mg\left(\frac{l}{2} - \frac{l}{2}\cos\theta\right)}_{\text{点C}}$$

(3)で求めたvの値を代入して，
$v' = \sqrt{gl\cos\theta}$ [m/s]

 (1) $\sqrt{3}\,mg$　　(2) $2mg$　　(3) $\sqrt{gl}$　　(4) $\sqrt{gl\cos\theta}$

4. 仕事とエネルギー　45

問題21 力学的エネルギー保存の法則 ③　　　物理基礎

図のような，一定の傾きの斜面と水平な床がつながった，なめらかな面Sを考える。Sの右側には壁があり，ばね定数k〔N/m〕，自然長l〔m〕のばねが水平に取り付けられている。質量m〔kg〕の小物体をSの水平な部分に置き，速さv〔m/s〕で右向きにすべらせた。

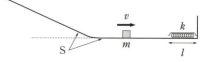

(1) 小物体はSの上を右向きにすべり，ばねを押し縮めた後，左向きにはね返された。最も縮んだときのばねの長さを求めよ。

(2) ばねではね返された小物体は，Sの水平な部分を戻り，斜面を上った。小物体が達した最高点の高さを求めよ。ただし，高さは水平な床からはかり，重力加速度の大きさをg〔m/s²〕とする。

〈センター試験〉

 (1) 小物体は，ばねに接触するまでは速さv〔m/s〕のまま進んでいく。ばねと接触した後は，ばねから左向きに弾性力を受け，減速していく。そして，ばねが最も縮んだとき，次のようになる。

Point
一端が固定されたばねが最も縮む(伸びる)瞬間，他端につながれた物体の速さは0。

小物体には，重力，弾性力以外に垂直抗力がはたらくが，垂直抗力はつねに仕事をしない。よって，力学的エネルギー保存の法則が成り立つ。最も縮んだとき

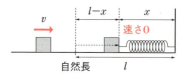

のばねの長さをx〔m〕とすると，ばねの縮みは$l-x$〔m〕となる。また，最も縮んだときは小物体の速さが0になるため，運動エネルギーは0である。力学的エネルギー保存の法則より，

$$\underbrace{\frac{1}{2}mv^2 + 0}_{\text{ばねと接触する前}} = \underbrace{0 + \frac{1}{2}k(l-x)^2}_{\text{ばねが最も縮んだとき}}$$

よって，　$x = l - v\sqrt{\dfrac{m}{k}}$〔m〕

注 最も縮んだときのばねの「長さ」をxとしたので，そのまま答としてよい。もし，ばねの「縮み」をxとした場合は，最後に自然長lから引くことを忘れないようにしよう。

> **コツ** ばねの問題では，ばねの自然長からの「伸び・縮み」とばねの「長さ」の区別をはっきりさせること！

(2) 最高点の高さをh〔m〕として，力学的エネルギー保存の法則を考えよう。ばねが最も縮んだときと最高点に達したときを比較して，式を立てる。(1)の答より，ばねが最も縮んだときのばねの縮みが$l - x = v\sqrt{\dfrac{m}{k}}$〔m〕なので，

$$0 + 0 + \frac{1}{2}k\left(v\sqrt{\frac{m}{k}}\right)^2 = 0 + mgh + 0$$

運動エネルギー　重力による位置エネルギー　弾性力による位置エネルギー　｜　運動エネルギー　重力による位置エネルギー　弾性力による位置エネルギー

ばねが最も縮んだとき　｜　最高点に達したとき

よって，　$h = \dfrac{v^2}{2g}$〔m〕

別解 ばねと接触しても，小物体の力学的エネルギーは変化しない。よって，ばねに接触する前と最高点に達したときを比較して，式を立てることもできる。

$$\frac{1}{2}mv^2 + 0 = 0 + mgh \quad \text{よって，} \quad h = \frac{v^2}{2g}\text{〔m〕}$$

注 小物体がばねに接触する前の速さと，ばねから離れた直後の速さは等しい。

答 (1) $l - v\sqrt{\dfrac{m}{k}}$〔m〕　(2) $\dfrac{v^2}{2g}$〔m〕

4. 仕事とエネルギー

問題 22 力学的エネルギー保存の法則 ④ 〈物理基礎〉

図のように,自然長 l_0 [m],ばね定数 k [N/m] の軽いばねが,天井から鉛直につるしてある。ばねの下端に質量 m [kg] のボールを取り付けたところ,ばねの長さは l_1 [m] となってボールは静止した。この状態を状態1とする。次に,ゆっくりとボールを鉛直上向きに,ばねの長さが自然長 l_0 [m] になるまで持ち上げ静止させた。この状態を状態2とする。ここで重力加速度の大きさを g [m/s^2] とする。

状態1　　状態2

(1) l_1 を,l_0,m,g,k を用いて表せ。
(2) 状態1から状態2までの,ばねの弾性力によるボールの位置エネルギーの変化量を,l_0,l_1,k を用いて表せ。また,状態1から状態2までの,重力によるボールの位置エネルギーの変化量を,l_0,l_1,m,g を用いて表せ。
(3) 状態2においてボールから静かに手を放した。ばねの長さが l_1 になったときのボールの速さを,m,g,k を用いて表せ。

〈千葉工業大〉

解説

(1) ばねの長さが l_1 となっているとき,ボールは静止しているので,ボールにはたらく力がつり合っている。また,ばねは自然長 l_0 よりも伸びているので,弾性力は上向きにはたらいている。鉛直方向の力のつり合いより,

$$k(l_1 - l_0) = mg \quad \text{よって,} \quad l_1 = l_0 + \frac{mg}{k} \text{[m]}$$

ばねの伸び

(2) 2種類の位置エネルギーを考えるので,それぞれの基準を明確にしよう。

Point
弾性力による位置エネルギーの基準は,ばねが自然長のときである。
重力による位置エネルギーの基準は,自分で決めること。

48

状態1が変化前，状態2が変化後にあたる。ばねの弾性力によるボールの位置エネルギーの変化量 $\varDelta U_1$〔J〕は，自然長が基準なので，

$$\varDelta U_1 = \underbrace{0}_{\text{状態2}} - \underbrace{\frac{1}{2}k(l_1-l_0)^2}_{\text{状態1}} = -\frac{1}{2}k(l_1-l_0)^2 \text{〔J〕}$$

重力によるボールの位置エネルギーの変化量 $\varDelta U_2$〔J〕は，状態1のボールの位置を基準として，

$$\varDelta U_2 = \underbrace{mg(l_1-l_0)}_{\text{状態2}} - \underbrace{0}_{\text{状態1}} = mg(l_1-l_0) \text{〔J〕}$$

(3) 状態2の後，再びばねの長さが l_1 になったときを状態3とする。このときのボールの速さを v〔m/s〕とすれば，力学的エネルギー保存の法則より，

$$\underbrace{0 \;\;+\;\; mg(l_1-l_0) \;\;+\;\; 0}_{\text{状態2}} = \underbrace{\frac{1}{2}mv^2 \;\;+\;\; 0 \;\;+\;\; \frac{1}{2}k(l_1-l_0)^2}_{\text{状態3}}$$

　運動　　　重力による　　弾性力による　　　運動　　　重力による　　弾性力による
　エネルギー　位置エネルギー　位置エネルギー　　エネルギー　位置エネルギー　位置エネルギー

答に使用してよい文字は，m，g，k なので，(1)より，$l_1 - l_0 = \dfrac{mg}{k}$ を代入して，

$$mg \cdot \frac{mg}{k} = \frac{1}{2}mv^2 + \frac{1}{2}k\left(\frac{mg}{k}\right)^2 \quad \text{よって，} \quad v = g\sqrt{\frac{m}{k}} \text{〔m/s〕}$$

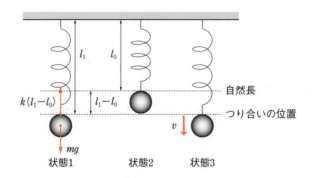

答 (1) $l_1 = l_0 + \dfrac{mg}{k}$〔m〕　(2) ばねの弾性力：$-\dfrac{1}{2}k(l_1-l_0)^2$〔J〕

重力：$mg(l_1-l_0)$〔J〕　(3) $g\sqrt{\dfrac{m}{k}}$〔m/s〕

4. 仕事とエネルギー

5. 力積と運動量

力積と運動量 　〈物理〉

次の文中の空欄にあてはまる式または語句を記せ。

図のように，なめらかで水平な床の上に，板Aと，人が乗った板Bが静止している。板Bに乗った人が，

t 〔s〕の時間，大きさ F 〔N〕の一定の力で板Aを押した。その結果，人が乗った板Bは，床の上を水平右向きに運動を始めた。ここで，人は板Bの上ですべらないとする。板Aの質量を m_A〔kg〕，人と板Bをあわせた質量を m_B〔kg〕とする。

(1) 人が板Aに加えた力積の大きさは ア 〔N·s〕であり，板Aは速さ イ 〔m/s〕で ウ 向きに動き始める。

(2) 人が乗った板Bの速さは エ 〔m/s〕である。

〈東京工科大〉

 物体に一定の力がはたらくとき，物体が受ける力積は，次の式で表される。

> **公式　力積 I〔N·s〕(=〔kg·m/s〕)**
> $I = Ft$ 　　(F〔N〕：力　t〔s〕：時間)

また，物体の運動量は，次の式で表される。

> **公式　運動量 p〔kg·m/s〕**
> $p = mv$ 　　(m〔kg〕：質量　v〔m/s〕：速度)

物体が力積を受けると，運動量が変化し，次の関係が成り立つ。

> **公式　運動量と力積の関係**
> (物体の運動量の変化) = (受けた力積)

(1) (ア) 人が板Aに加えた力積（板Aが人から受けた力積）は，大きさがFt〔N・s〕で，向きが水平左向きである。

(イ) はじめ，板Aは静止していたので速度は0である。水平左向きを正として，力積を受けた後の板Aの速度をv_A〔m/s〕とすると，運動量と力積の関係から，

$$\underbrace{m_A v_A - m_A \cdot 0}_{\text{運動量の変化}} = \underbrace{Ft}_{\text{受けた力積}} \quad \text{よって，} \quad v_A = \frac{Ft}{m_A} \text{〔m/s〕}$$

(ウ) (イ)で求めた速度v_A〔m/s〕は正なので，向きは水平左向きとわかる。

(2) (エ) 作用・反作用の法則を思い出そう。人は板Aから，t〔s〕の時間，大きさF〔N〕の力を水平右向きに受け，同じ向きに大きさFt〔N・s〕の力積を受ける。水平右向きを正として，力積を受けた後の，人と板Bの速度をv_B〔m/s〕とすると，運動量と力積の関係から，

$$\underbrace{m_B v_B - m_B \cdot 0}_{\text{運動量の変化}} = \underbrace{Ft}_{\text{受けた力積}} \quad \text{よって，} \quad v_B = \frac{Ft}{m_B} \text{〔m/s〕}$$

注 (エ)で求めた速度v_B〔m/s〕は正なので，向きは水平右向きとわかる。

> **コツ** 力積も運動量もベクトル量（向きをもつ物理量）なので，必ず正の向きを決めて扱うこと！

答 (ア) Ft　(イ) $\dfrac{Ft}{m_A}$　(ウ) 水平左　(エ) $\dfrac{Ft}{m_B}$

問題 24 固定面との衝突　物理

図のように，質量 m [kg] の小球を水平な床の鉛直上方 h [m] の位置から，l [m] 離れたなめらかで鉛直な壁に向かって，壁に垂直な水平方向に初速度 v [m/s] で投げたところ，小球は壁に当たってはね返り，床に落下した。小球と壁との間の反発係数（はね返り係数）を e とし，重力加速度の大きさを g [m/s²] とする。

(1) 小球を投げてから壁に当たるまでの時間はいくらか。

(2) 小球を投げてから落下点に到達するまでの時間はいくらか。

(3) 壁から落下点までの水平距離はいくらか。

(4) 小球が壁から受けた力積の大きさはいくらか。

〈愛知工業大〉

(1) 小球を投げてから壁に当たるまでの間，水平方向には左向きに速度 v [m/s] の等速度運動をするので，求める時間を t_1 [s] とすると，

$$l = vt_1 \quad \text{よって，} \quad t_1 = \frac{l}{v} \text{ [s]}$$

(2) 壁に衝突することで，速度がどのように変化するかを考えよう。壁はなめらかなので，壁と接触している間に壁から受ける力は，垂直抗力のみである。そのため，壁に平行な方向の速度成分（右図の v_y）は変化せず，壁に垂直な方向の速度成分（右図の v_x）は変化する。反発係数を e とすると，次のようにまとめられる。

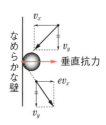

Point

なめらかな壁に反発係数 e の衝突をするとき，
- 壁に平行な方向 ⟶ 速度成分は変化しない。
- 壁に垂直な方向 ⟶ 速度成分は向きが逆に，大きさが e 倍になる。

衝突によって鉛直方向（壁に平行な方向）の速度成分は変化しないので，鉛直方向では壁に当たる前と後に分ける必要はない。求める時間をt_2〔s〕とすると，距離h〔m〕の自由落下と考えて，

$$h = \frac{1}{2}g{t_2}^2 \quad \text{よって，} \quad t_2 = \sqrt{\frac{2h}{g}}\,\text{〔s〕}$$

(3) 壁に当たってから落下点に到達するまでの時間は$t_2 - t_1$〔s〕である。この間，水平方向には右向きに速度ev〔m/s〕の等速度運動をするので，求める水平距離x〔m〕は，

$$x = ev(t_2 - t_1) = ev\left(\sqrt{\frac{2h}{g}} - \frac{l}{v}\right)\text{〔m〕}$$

(4) 小球が壁から受けた力積は，垂直抗力によるものである。

> ## Po*int
> 物体が受けた力積の求め方には，次の2つがある。
>
> 物体が受けた力積 $\Big\langle$ (i) （物体が受けた力）×（力を受けた時間）
> (ii) 受けた力の方向の物体の運動量変化

この問題では，壁と接触している時間がわからないので，(i)では求められない。(ii)運動量変化で求めよう。水平右向きを正として，水平方向の運動量変化より，

$$（小球が壁から受けた力積）= \underbrace{m \cdot ev - m(-v)}_{\text{運動量変化}}$$

$$= (1 + e)mv\text{〔N·s〕}$$

注 反発係数eの値の範囲は$0 \leqq e \leqq 1$であり，$e = 1$の衝突を**弾性衝突**（または**完全弾性衝突**），$0 < e < 1$の衝突を**非弾性衝突**，$e = 0$の衝突を**完全非弾性衝突**という。

答 (1) $\dfrac{l}{v}$〔s〕　　(2) $\sqrt{\dfrac{2h}{g}}$〔s〕　　(3) $ev\left(\sqrt{\dfrac{2h}{g}} - \dfrac{l}{v}\right)$〔m〕

　　(4) $(1 + e)mv$〔N·s〕

5. 力積と運動量　53

問題 25 運動量保存の法則 ① 〇 物理

なめらかな水平面上で，質量4.0kgの小球Aが速さ5.0m/sで，同じ向きに速さ1.0m/sで運動している質量2.0kgの小球Bに衝突した。衝突前後は同じ直線上で運動するものとし，反発係数（はね返り係数）を0.50とする。有効数字2桁で答えよ。

(1) 衝突前の両球の運動量の和はいくらか。
(2) 衝突後の小球A，Bの速さはそれぞれいくらか。
(3) 衝突後の両球の運動エネルギーの和は，衝突前に比べて，いくら変化したか。

〈九州産業大〉

　衝突時に両球が受ける水平方向の力を考えると，なめらかな面上なので摩擦力はなく，互いにおよぼし合う力（作用・反作用の法則より，同じ大きさで逆向きの2力）のみがはたらく（下図）。

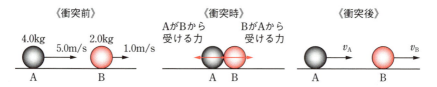

2つ以上の物体を1つのまとまりと考えるとき，そのまとまりを**物体系**という。小球AとBを1つの物体系とすると，互いにおよぼし合う力は物体系内ではたらく力であり，これを**内力**という（内力以外の力を**外力**という）。ここで，次のことをおさえておこう。

> **Point　運動量保存の法則**
> 内力のみがはたらく方向について，物体系の運動量の和は変化せず一定である。

(1) 衝突前の両球の運動量の和は，

$$4.0 \cdot 5.0 + 2.0 \cdot 1.0 = 22 \,[\text{kg}\cdot\text{m/s}]$$

Aの運動量　Bの運動量

(2) 一直線上での2物体の衝突では，反発係数の式は，相対速度の関係式になる。

54

> **Point** 一直線上での2物体の衝突の解法
> (ⅰ) 運動量保存の法則の式を立てる。
> (ⅱ) 反発係数の式 $\left(\text{反発係数} = -\dfrac{\text{衝突後の相対速度}}{\text{衝突前の相対速度}}\right)$ を立てる。

衝突後の小球A，Bの速度を，衝突前の2球の運動の向き（図の右向き）を正として，それぞれ v_A，v_B [m/s]とする。運動量保存の法則より，

$$\underbrace{4.0 \cdot 5.0 + 2.0 \cdot 1.0}_{\text{衝突前の運動量}} = \underbrace{4.0 \cdot v_A + 2.0 \cdot v_B}_{\text{衝突後の運動量}}$$

反発係数の式は，小球Aに対する小球Bの相対速度を考えて，

$$0.50 = -\dfrac{v_B - v_A}{1.0 - 5.0}$$

以上2式より， $v_A = 3.0$ [m/s]， $v_B = 5.0$ [m/s]

注　$v_A > 0$，$v_B > 0$ なので，衝突後も小球A，Bは，衝突前と同じ向き（図の右向き）の速度をもつことがわかる。

> **コツ** 求めるものが「速さ（速度の大きさ）」でも，きちんと正の向きを決めて「速度」として式を立てること！

(3) 両球の運動エネルギーの和の変化は，

$$\underbrace{\left(\dfrac{1}{2} \cdot 4.0 \cdot 3.0^2 + \dfrac{1}{2} \cdot 2.0 \cdot 5.0^2\right)}_{\text{衝突後の運動エネルギー}} - \underbrace{\left(\dfrac{1}{2} \cdot 4.0 \cdot 5.0^2 + \dfrac{1}{2} \cdot 2.0 \cdot 1.0^2\right)}_{\text{衝突前の運動エネルギー}} = -8.0 \text{ [J]}$$

すなわち，衝突前に比べて，8.0J減少する。

注　反発係数が1の弾性衝突以外の衝突では，熱や音の発生があるため，運動エネルギーの和は減少する。

答 (1) 22kg·m/s（または，2.2×10 kg·m/s）
　　(2) A：3.0m/s　　B：5.0m/s　　(3) 8.0J減少

問題 26 運動量保存の法則 ②

次の文中の空欄にあてはまる式または数値を記せ。

図のように，なめらかな水平面上に x，y 軸をとり，x 軸と y 軸の交点を原点とする。質量 m [kg]の小球 A が x 軸正の向きに速さ v_0 [m/s]で進み，原点に静止している質量 M [kg]の小球 B に弾性衝突した。衝突後，A は x 軸と角 θ_1 をなす向きに速さ v [m/s]で，B は x 軸と角 θ_2 をなす向きに速さ V [m/s]で進んでいった。

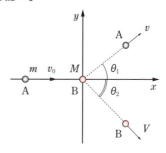

(1) 衝突前後における A，B の運動量の x 成分の関係は $mv_0 = \boxed{}$ である。

(2) 衝突前後における A，B の運動量の y 成分の関係は $0 = \boxed{}$ である。

(3) 衝突前後における A，B の運動エネルギーの関係は $\dfrac{1}{2}mv_0^2 = \boxed{}$ である。

次に，$m = M$ とする。衝突後，B の速さ V は v_0 の $\dfrac{1}{2}$ 倍であった。

(4) 角 θ_1 は $\boxed{}$ (°)である。

〈千葉工業大〉

 (1) 衝突後の小球 A と B の速度を，x 成分，y 成分に分解して考えよう。

Point
斜め衝突では，方向ごとに運動量保存の法則が成り立つ。

x 成分について，小球A，Bの運動量の和が一定なので，
$$mv_0 + M \cdot 0 = m \cdot v\cos\theta_1 + M \cdot V\cos\theta_2$$
よって，　$mv_0 = mv\cos\theta_1 + MV\cos\theta_2$ ……①

(2) y 成分について，小球A，Bの運動量の和が一定なので，
$$m \cdot 0 + M \cdot 0 = m \cdot v\sin\theta_1 + M(-V\sin\theta_2)$$
よって，　$0 = mv\sin\theta_1 - MV\sin\theta_2$ ……②

(3) 弾性衝突（完全弾性衝突ともいう）は反発係数が1の衝突であり，衝突の前後で運動エネルギーの和が保存する。

> **Point** 衝突による運動エネルギーの和の変化
> ・弾性衝突 ⟶ 衝突前と**変わらない**。
> ・非弾性衝突 ⟶ 衝突前より**減少する**（主に熱となる）。

小球A，Bの運動エネルギーの和は，衝突前後で変わらないので，
$$\frac{1}{2}mv_0^2 + \frac{1}{2}M \cdot 0^2 = \frac{1}{2}mv^2 + \frac{1}{2}MV^2$$
よって，　$\dfrac{1}{2}mv_0^2 = \dfrac{1}{2}mv^2 + \dfrac{1}{2}MV^2$ ……③

(4) $m = M$，$V = \dfrac{1}{2}v_0$ のとき，③式より，
$$v = \frac{\sqrt{3}}{2}v_0$$

これらを①，②式に代入すると，①式から $\cos\theta_2 = 2 - \sqrt{3}\cos\theta_1$，②式から $\sin\theta_2 = \sqrt{3}\sin\theta_1$ が得られる。$\sin^2\theta_2 + \cos^2\theta_2 = 1$ を用いて θ_2 を消去すると，
$$(\sqrt{3}\sin\theta_1)^2 + (2 - \sqrt{3}\cos\theta_1)^2 = 1$$
さらに，$\sin^2\theta_1 + \cos^2\theta_1 = 1$ を用いると，
$$\cos\theta_1 = \frac{\sqrt{3}}{2} \quad \text{よって，} \quad \theta_1 = 30 \text{〔°〕}$$

 (1) $mv\cos\theta_1 + MV\cos\theta_2$ 　(2) $mv\sin\theta_1 - MV\sin\theta_2$
(3) $\dfrac{1}{2}mv^2 + \dfrac{1}{2}MV^2$ 　(4) 30

運動量保存の法則 ③

次の文中の空欄にあてはまる式を記せ。

図のように，質量 M〔kg〕の物体が水平な床の上に置かれ，ばね定数 k〔N/m〕の質量が無視できるばねで壁

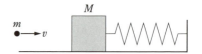

につながれている。物体が静止していたとき，ばねの長さは自然長であった。この物体に，質量 m〔kg〕の弾丸が速さ v〔m/s〕でばねの中心軸に沿って水平に飛んできて，物体にぶつかり，瞬時に一体となって動き出した。弾丸がぶつかった直後の物体の速さは □(1)□ 〔m/s〕となる。弾丸が物体と一体になったことで失われた力学的エネルギーは □(2)□ 〔J〕である。これ以降の運動において床がなめらかな場合は，物体の速さが最初に0になるときにばねは □(3)□ 〔m〕だけ縮んでいる。

〈立教大〉

(1) まずは，次のようにおさえておこう。

Point

2物体の衝突，2物体→1物体への合体，1物体→2物体への分裂では，2物体が互いにおよぼし合う力（内力）以外の力積は無視でき，運動量保存の法則が成り立つ。

弾丸と物体の合体なので，運動量保存の法則を考えよう。物体にはばねがつながれているので，合体後に物体がばねを押し縮めると，逆向きに弾性力を受けることになる。しかし，**合体直後は合体前と比べ，位置がほとんど変わらないので，ばねがまだ縮んでいない**と考えてよい。外力であるばねの弾性力は無視でき，水平方向には内力である弾丸と物体が互いにおよぼし合う力しかないので，水平方向について運動量保存の法則が成り立つ。

求める速さを V〔m/s〕として，弾丸と物体の運動量保存の法則より，
$$mv + 0 = (m+M)V \quad \text{よって，} \quad V = \frac{m}{m+M}v \text{〔m/s〕}$$

(2) 弾丸と物体の，運動エネルギーの和の変化 ΔK〔J〕を求めると，
$$\begin{aligned}\Delta K &= \frac{1}{2}(m+M)V^2 - \left(\frac{1}{2}mv^2 + 0\right) \\ &= \frac{1}{2}(m+M)\left(\frac{m}{m+M}v\right)^2 - \frac{1}{2}mv^2 \\ &= -\frac{mMv^2}{2(m+M)} \text{〔J〕}\end{aligned}$$

すなわち，失われた運動エネルギーは $\dfrac{mMv^2}{2(m+M)}$〔J〕である。合体の前と直後では，弾性力による位置エネルギーの変化は無視できるので，失われた力学的エネルギーは失われた運動エネルギーと同じである。

(3) 合体した後は，ばねにつながれた質量 $m+M$〔kg〕の物体の運動として考えればよい。

物体の速さが0になるとき，ばねは最も縮んでいる（上図右）。このときのばねの縮みを x〔m〕として，力学的エネルギー保存の法則より，
$$\frac{1}{2}(m+M)V^2 + 0 = 0 + \frac{1}{2}kx^2$$
(1)の答を代入して，x について解くと，
$$x = \frac{mv}{\sqrt{k(m+M)}} \text{〔m〕}$$

答 (1) $\dfrac{m}{m+M}v$ (2) $\dfrac{mMv^2}{2(m+M)}$ (3) $\dfrac{mv}{\sqrt{k(m+M)}}$

力学的エネルギーと運動量の保存 ①

物理

図のように，なめらかな斜面AB とねめらかな水平面BCをもった質量M[kg]の台が，水平な床の上に静止している。斜面ABと水平面BCはなめらかにつながっている。いま，水平面BCからの高さがh[m]の点Aから，質量m[kg]の小球を斜面に

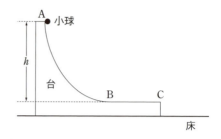

沿って静かにすべらせる。ただし，重力加速度の大きさをg[m/s^2]とする。また，速さは床に対する速さとする。

(1) 台が床に固定されている場合，点Aからすべり落ちた小球が点Cを通過する瞬間の，小球の速さv_1[m/s]を求めよ。

(2) 台がなめらかな床の上を自由に動くことができる場合，点Aからすべり落ちた小球が点Cを通過する瞬間の，小球の速さv_2[m/s]と台の速さV_2[m/s]を求めよ。

〈大阪市立大〉

 (1) 小球について，点Aと点Cを比較して，力学的エネルギー保存の法則を考えよう。水平面BCを，重力による位置エネルギーの基準として，

$$0 + mgh = \frac{1}{2}mv_1^2 + 0 \quad \text{よって，} \quad v_1 = \sqrt{2gh} \text{ [m/s]}$$

(2) 小球は台から垂直抗力を受けながら運動している。作用・反作用の法則より，台も小球から同じ大きさの力を逆向きに受けている。台が固定されていないとき，この力

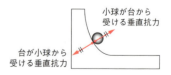

によって台も運動する。この垂直抗力の他には，小球が受ける重力，台が受ける重力，台が床から受ける垂直抗力がはたらくが，これらは全て鉛直方向の力である。よって，次のことがいえる。

Point

水平方向には，内力である垂直抗力の成分しかはたらいていないので，小球と台の物体系について，運動量保存の法則が成り立つ。

　小球が点Aにあるときと，点Cを通過する瞬間に着目しよう。小球が点Aにあるとき，小球，台ともに速度は0である。また，小球が点Cを通過する瞬間，小球，台はそれぞれ水平方向に速さv_2〔m/s〕，V_2〔m/s〕をもつ（右図）。運動量では「速度」を用いるので，水平右向きを正とすれば，小球の速度はv_2〔m/s〕，台の速度は$-V_2$〔m/s〕となる。よって，運動量保存の法則より，

$$0 + 0 = mv_2 + M(-V_2) \quad \cdots\cdots①$$

　小球が台を押し動かすので，小球単独では力学的エネルギー保存の法則は成り立たない。小球の運動エネルギーと重力による位置エネルギー，台の運動エネルギーの和を考えて，力学的エネルギー保存の法則より，

$$\underset{\substack{\text{小球の力学的}\\\text{エネルギー}}}{\underline{0 + mgh}} + \underset{\substack{\text{台の運動}\\\text{エネルギー}}}{\underline{0}} = \underset{\substack{\text{小球の力学的}\\\text{エネルギー}}}{\underline{\frac{1}{2}mv_2{}^2 + 0}} + \underset{\substack{\text{台の運動}\\\text{エネルギー}}}{\underline{\frac{1}{2}MV_2{}^2}} \quad \cdots\cdots②$$

点A　　　　　　　　　　　　　　点C

①式と②式から，V_2を消去して，

$$mgh = \frac{1}{2}mv_2{}^2 + \frac{1}{2}M\left(\frac{m}{M}v_2\right)^2 \quad \text{よって，} \quad v_2 = \sqrt{\frac{2Mgh}{m+M}}\text{〔m/s〕}$$

これを①式に代入して，

$$V_2 = m\sqrt{\frac{2gh}{M(m+M)}}\text{〔m/s〕}$$

答
(1) $v_1 = \sqrt{2gh}$〔m/s〕

(2) $v_2 = \sqrt{\dfrac{2Mgh}{m+M}}$〔m/s〕　　　$V_2 = m\sqrt{\dfrac{2gh}{M(m+M)}}$〔m/s〕

5. 力積と運動量　61

力学的エネルギーと運動量の保存 ②

図のように，質量 M [kg]と質量 m [kg]の2つの物体A，Bがばね定数 k [N/m]の軽いばねで結ばれて，水平でなめらかな床の上に置かれている。

(1) これら2つの物体に両方向から力を加え，ばねの長さを自然長から x_0 [m]だけ縮めた。この力がした仕事はいくらか。

(2) いま，(1)のように縮めた状態で物体Aを固定し，物体Bに加えている力を取り除いた。ばねの長さが自然長に戻ったときの，物体Bの速さはいくらか。

(3) 再び，この物体A，Bに両方向から力を加え，ばねの長さを自然長から x_0 [m]だけ縮めた後，加えた力を同時に取り除いた。ばねの長さが自然長に戻ったときの，物体Bの速さはいくらか。

〈名城大〉

(1) 物体A，Bとばねの力学的エネルギーに着目しよう。力を加える前，運動エネルギーと弾性力による位置エネルギー（弾性エネルギー）はともに0である。力を加えた後，運動エネルギーは変わらず0で，弾性力による位置エネルギーは $\frac{1}{2}kx_0^2$ [J]になっている。「外力がした仕事」は「物体系のもつ力学的エネルギーの変化」と等しいので，求める仕事 W [J]($=$[N・m])は，

$$W = \frac{1}{2}kx_0^2 \text{ [J]}$$

(2) **物体Aが固定されている**ので，ばねの左端を壁につないでいるのと同じである。求める速さを v [m/s]として，力学的エネルギー保存の法則より，

$$0 + \frac{1}{2}kx_0^2 = \frac{1}{2}mv^2 + 0$$

よって， $v = x_0\sqrt{\dfrac{k}{m}}$ [m/s]

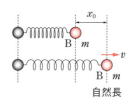

自然長

(3) (2)との違いは，物体Aを固定していないので，ばねの長さが自然長に戻ったとき，**物体Aは静止しておらず速さをもっている**ことである。自然長に戻ったときの物体A，Bの速さをそれぞれv_A〔m/s〕，v_B〔m/s〕とする。

ばねの縮みがx〔m〕のとき，物体Aは左向きにkx〔N〕の弾性力を，物体Bは右向きにkx〔N〕の弾性力を受ける（右図）。これらの力は，つねに同じ大きさで逆向きであり，内力とみなせるので，次のことがいえる。

Point
水平方向には，内力とみなせる弾性力しかはたらいていないので，物体A，Bからなる物体系について，運動量保存の法則が成り立つ。

水平右向きを正とすると，自然長に戻ったときの物体Aの速度は$-v_A$〔m/s〕，物体Bの速度はv_B〔m/s〕である。運動量保存の法則より，
$$0 + 0 = M(-v_A) + mv_B \quad \cdots\cdots ①$$

物体A，Bとばねを合わせた力学的エネルギー保存の法則より，

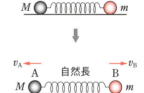

$$0 + 0 + \frac{1}{2}kx_0^2 = \frac{1}{2}Mv_A^2 + \frac{1}{2}mv_B^2 + 0 \quad \cdots\cdots ②$$

①式と②式から，v_Aを消去して，
$$\frac{1}{2}kx_0^2 = \frac{1}{2}M\left(\frac{mv_B}{M}\right)^2 + \frac{1}{2}mv_B^2$$

よって，　$v_B = x_0\sqrt{\dfrac{kM}{m(M+m)}}$〔m/s〕

ちなみに，これを①式に代入してv_Aを求めると，
$$v_A = x_0\sqrt{\frac{km}{M(M+m)}}\,\text{〔m/s〕}$$

答 (1) $\dfrac{1}{2}kx_0^2$〔J〕　(2) $x_0\sqrt{\dfrac{k}{m}}$〔m/s〕　(3) $x_0\sqrt{\dfrac{kM}{m(M+m)}}$〔m/s〕

6. 慣性力

慣性力　　　　　　　　　　　　　　　　　　　　　　物理

　糸の一端に質量 m [kg] のおもりをつけて，これを列車の天井からつるしてある。列車の走行状態の変化にともなって，糸がどんな変化をするかを考える。ただし，レールは水平で直線上に設置されているものとし，重力加速度の大きさを g [m/s²] とする。

(1) 列車が等速度で走っているとき，鉛直方向と糸とが角度 θ を保持している。このとき $\tan\theta$ を求めよ。

(2) 列車が進行方向に一定の加速度 a [m/s²] ($a > 0$) で走っているとき，鉛直方向と糸とが角度 θ を保持している。このとき $\tan\theta$ を求めよ。

〈鳥取大〉

　物体の運動の見方は 2 通りある。1 つは静止（もしくは等速度運動）している観測者から見る方法，もう 1 つは加速度運動している観測者から見る方法である。

公式　慣性力

観測者が加速度運動するとき，物体には観測者の加速度と逆向きに慣性力がはたらいて見える。

（慣性力の大きさ）＝（物体の質量）×（観測者の加速度の大きさ）

　この問題では，観測者は列車と一緒に運動しているとして，解いていこう。

(1) おもりにはたらく力は，重力と糸の張力である。観測者は列車と一緒に運動しているが，列車は**等速度で走っているので加速度は 0**，すなわち**慣性力の大きさも 0** である。

Point

慣性力がはたらくかどうかは，観測者の立場によって決まる。観測者が静止，または等速度運動しているとき，慣性力ははたらかない。

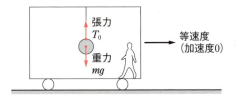

張力 T_0〔N〕は重力 mg〔N〕とつり合っており，鉛直上向きにはたらいている。したがって，$\theta = 0°$なので，
$$\tan\theta = 0$$

(2) 列車と一緒に観測者が**加速度 a〔m/s²〕で運動**しているので，観測者にはおもりに**慣性力がはたらいて見える**。

おもりにはたらく力は，重力，張力，慣性力である。重力 mg〔N〕は鉛直下向き，慣性力は観測者(列車)の加速度と逆向きに大きさ ma〔N〕である。張力 T〔N〕は，水平方向，鉛直方向ともに力がつり合うように向き，大きさが決まる。それぞれの力は，下図のように作図できる。

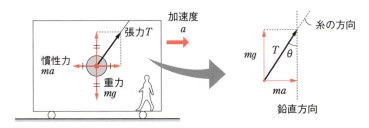

図より，
$$\tan\theta = \frac{ma}{mg} = \frac{a}{g}$$

ちなみに，張力の大きさ T〔N〕は，
$$T = \sqrt{(mg)^2 + (ma)^2} = m\sqrt{g^2 + a^2} \text{〔N〕}$$

注 慣性力は「見かけの力」といわれ，ふつうの力と異なり反作用がない力である。

答 (1) $\tan\theta = 0$ (2) $\tan\theta = \dfrac{a}{g}$

7. 円運動

問題 31 等速円運動　　　　　　　　　　　　　　　　　　物理

図のように，水平な円板上に質量 m (kg) の小さな物体がある。物体は円板の中心 O から距離 r (m) の位置にある。円板を，中心 O を軸として角速度

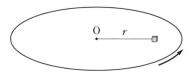

ω (rad/s) で回転させる。このとき物体は円板上ですべらないものとする。物体と円板との間の静止摩擦係数を μ，重力加速度の大きさを g (m/s^2) とする。

(1) 物体の速さを求めよ。
(2) 物体に作用する静止摩擦力の大きさを求めよ。
(3) 物体が円板上ですべることなく得られる最大の角速度を求めよ。

〈東海大〉

 (1) 物体が円運動しているとき，物体の速さを「単位時間あたりの中心角の角度変化」で表すことがあり，これを**角速度**という。角度の単位は (rad)（ラジアン）を用い，角速度の単位は (rad/s) である。円運動の速さと角速度には，次の関係がある。

公式　速さ v (m/s) と角速度 ω (rad/s) の関係
$$v = r\omega \quad (r\text{(m)：半径})$$

よって，物体の速さ v (m/s) は，
$v = r\omega$ (m/s)

(2) 物体が円運動するとき，物体にはつねに中心に向かう**向心力**がはたらいており，そのため中心へ向かう**向心加速度**をもつ。向心加速度は $\dfrac{v^2}{r}$ (m/s^2) または $r\omega^2$ (m/s^2) と表される。このことをふまえ，**円運動では中心向きに運動方程式を立てる。**

公式　円運動の運動方程式

速さ v 〔m/s〕を用いると，$m\dfrac{v^2}{r} = $ （向心力）

角速度 ω 〔rad/s〕を用いると，$mr\omega^2 = $ （向心力）

$\begin{pmatrix} m \text{〔kg〕：質量} \\ r \text{〔m〕：半径} \end{pmatrix}$

この問題では，物体にはたらく力は重力，垂直抗力，静止摩擦力である。このうち，重力と垂直抗力は鉛直方向の力なので，中心Oに向かう向心力となるのは

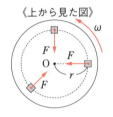
《上から見た図》

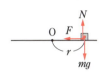
《横から見た図》

静止摩擦力のみであることがわかる（上図）。静止摩擦力の大きさを F 〔N〕として，円運動の運動方程式を立てると，

$$mr\omega^2 = F \quad \text{よって，} \quad F = mr\omega^2 \text{〔N〕}$$

また，垂直抗力の大きさを N 〔N〕とすると，鉛直方向の力のつり合いより，

$$N = mg$$

注　観測者が物体と一緒に円運動している場合，物体には慣性力の一種である**遠心力**もはたらいて見える。円運動の運動方程式を立てる代わりに，遠心力をふまえた半径方向の力のつり合いの式を立ててもよい。

(3) (2)の答の式より，F は ω^2 に比例しているので，F が最大のときに ω も最大となる。ω の最大値を $\omega_{\max}$ 〔rad/s〕とすると，F の最大値は最大摩擦力 $\mu N = \mu mg$ 〔N〕なので，

$$mr\omega_{\max}^2 = \mu mg \quad \text{よって，} \quad \omega_{\max} = \sqrt{\dfrac{\mu g}{r}} \text{〔rad/s〕}$$

　(1) $r\omega$ 〔m/s〕　(2) $mr\omega^2$ 〔N〕　(3) $\sqrt{\dfrac{\mu g}{r}}$ 〔rad/s〕

問題 32 円すい振り子

図のように,長さl〔m〕で伸び縮みしない丈夫な軽い糸の一端を天井に固定し,他端に質量m〔kg〕のおもりをつるし,このおもりに水平面内で半径r〔m〕の等速円運動をさせる。糸が鉛直線となす角θ〔rad〕は一定で,重力加速度の大きさをg〔m/s²〕とする。

(1) おもりの回転の半径rは何mか。lとθを用いて表せ。

(2) 糸がおもりを引く力の大きさは何Nか。m,θ,gを用いて表せ。

(3) おもりの回転の速さは何m/sか。l,θ,gを用いて表せ。

(4) おもりの回転の周期は何sか。l,θ,gを用いて表せ。

〈摂南大〉

解説 (1) 円運動の中心をはっきりさせよう。下図の点Oが中心になるので,回転の半径を求めるには,糸の長さl〔m〕を斜辺とした直角三角形を考えればよい。右図より,回転の半径r〔m〕は,

$$r = l\sin\theta \text{〔m〕}$$

(2) おもりにはたらく力は,重力と張力(糸がおもりを引く力)である。張力の水平成分が向心力となって,おもりは円運動をしている。そこで,張力を水平成分と鉛直成分に分けて考えよう。θは一定で,おもりは水平面内で円運動しているので,おもりは鉛直方向には運動しない。つまり,鉛直方向には力がつり合っている。以上から,等速円運動は次のように解けばよいことがわかる。

Point 等速円運動の解法
(i) 中心向きに,円運動の運動方程式を立てる。
(ii) 円運動する平面に垂直な向きに,力のつり合いの式を立てる。

まず，鉛直方向について，力のつり合いの式を立てよう。張力の大きさを S [N] として，

$$S\cos\theta = mg \quad \text{よって，} \quad S = \frac{mg}{\cos\theta} \text{[N]}$$

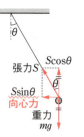

(3) 次に，円運動の運動方程式を立てよう。求める速さを v [m/s] として，

$$m\frac{v^2}{r} = S\sin\theta$$

この式に，(1)，(2)の答を代入すると，

$$m\frac{v^2}{l\sin\theta} = \frac{mg}{\cos\theta} \cdot \sin\theta \quad \text{よって，} \quad v = \sin\theta\sqrt{\frac{gl}{\cos\theta}} \text{[m/s]}$$

(4) 物体が一周するのにかかる時間を，円運動の**周期**といい，速さ，角速度と次の関係がある。

公式　等速円運動の周期 T [s]

速さ v [m/s] を用いると，　$T = \dfrac{2\pi r}{v}$ 　　(r [m]：半径)

角速度 ω [rad/s] を用いると，　$T = \dfrac{2\pi}{\omega}$

求める周期 T [s] は，速さ v との関係に(1)，(3)の答を代入して，

$$T = \frac{2\pi r}{v} = \frac{2\pi \cdot l\sin\theta}{\sin\theta\sqrt{\dfrac{gl}{\cos\theta}}} = 2\pi l\sqrt{\frac{\cos\theta}{gl}} = 2\pi\sqrt{\frac{l\cos\theta}{g}} \text{[s]}$$

答 (1) $r = l\sin\theta$ [m]　(2) $\dfrac{mg}{\cos\theta}$ [N]　(3) $\sin\theta\sqrt{\dfrac{gl}{\cos\theta}}$ [m/s]
(4) $2\pi\sqrt{\dfrac{l\cos\theta}{g}}$ [s]

問題 33 鉛直面内での円運動 ①

長さ l [m]の軽い糸に質量 m [kg]の小球を付けた振り子がある。図のように，この振り子の小球を，糸が鉛直線と $60°$ をなす点Aまで引き上げた。小球を静かに放したら，振り子は運動を始め，最下点Bを通過した。重力加速度の大きさを g [m/s²]とする。

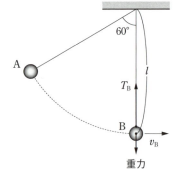

(1) 最下点Bを基準としたとき，小球が点Aにあるときの重力による位置エネルギーはいくらか。
(2) 最下点Bでの小球の速さ v_B [m/s]はいくらか。
(3) 最下点Bでの糸の張力の大きさ T_B [N]はいくらか。

〈神奈川工科大〉

(1) 右下図で考えよう。最下点Bを基準とした点Aの高さ h [m]は，点Bと点Aの糸の固定点までの鉛直距離の差から，

$$h = l - \frac{1}{2}l = \frac{1}{2}l$$

よって，小球が点Aにあるときの重力による位置エネルギー U_A [J]は，

$$U_A = mgh = \frac{1}{2}mgl \text{ [J]}$$

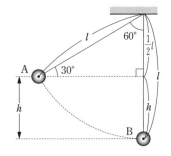

(2) 鉛直面内での円運動では速さが変化するが，速さはふつう，力学的エネルギー保存の法則を用いて求めることができる。また，力については，つねに中心向きに，円運動の運動方程式が成り立つようにはたらいている。

> **Point** 鉛直面内での非等速円運動の解法
> (i) 力学的エネルギー保存の法則の式を立てる。
> (ii) 円運動の運動方程式を立てる。

点Aと点Bを比較して，力学的エネルギー保存の法則を考えよう。点Aでの速さは0であり，重力による位置エネルギーは(1)で求めたU_A〔J〕であることから，

$$0 + \frac{1}{2}mgl = \frac{1}{2}mv_B^2 + 0 \quad \text{よって，} \quad v_B = \sqrt{gl}\,\text{〔m/s〕}$$

(3) 小球は半径l〔m〕の円運動をする。小球にはたらく力は，重力と張力であり，重力はつねに同じ大きさmg〔N〕で鉛直下向きにはたらいている。一方，張力はつねに円の中心（糸の固定点）に向かうが，力の大きさは一定になっておらず，小球の位置によって変化する。

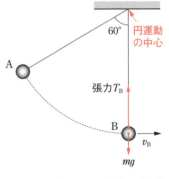

最下点Bにおいて，中心向きに円運動の運動方程式を立てよう。点Bでは向心力として，張力T_B〔N〕と重力mg〔N〕がはたらいている。ただし，円運動の運動方程式は中心向きを正とするので，重力は負になる。よって，

$$m\frac{v_B^2}{l} = \underbrace{T_B - mg}_{\text{合わせて向心力}}$$

(2)の答の$v_B = \sqrt{gl}$を代入して，

$$T_B = mg + m\frac{v_B^2}{l} = mg + m\frac{(\sqrt{gl})^2}{l} = 2mg\,\text{〔N〕}$$

 (1) $\frac{1}{2}mgl$〔J〕 (2) $v_B = \sqrt{gl}$〔m/s〕 (3) $T_B = 2mg$〔N〕

問題 34 鉛直面内での円運動 ②

長さ L [m] の軽い糸の一端を固定し，他端に質量 m [kg] の質点をつるし，図のような単振り子を作った。この単振り子を鉛直につるして静止させた後，質点に，図に示す水平方向の初速度 v_0 [m/s] を与える。ふれの角 θ [rad] は，鉛直に張った糸を基線とし，反時計回りを正とする。また，重力加速度の大きさを g [m/s^2] とする。

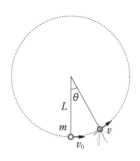

(1) ふれの角が θ のときの，質点の速さ v [m/s] を求めよ。

(2) ふれの角が θ のときの，糸の張力の大きさ T [N] を求めよ。

(3) 糸が直線を維持した状態で，角 θ を π にするために必要な，質点の最小の初速度 v_0 [m/s] を求めよ。

〈岩手大〉

 (1) 力学的エネルギー保存の法則を考えよう。質点のはじめの位置 ($\theta = 0$) を重力による位置エネルギーの基準とすると，右図より，ふれの角が θ のときの高さは $L - L\cos\theta = L(1-\cos\theta)$ [m] なので，

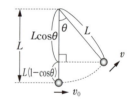

$$\frac{1}{2}mv_0^2 + 0 = \frac{1}{2}mv^2 + mgL(1-\cos\theta)$$

よって， $v = \sqrt{v_0^2 - 2gL(1-\cos\theta)}$ [m/s]

(2) 中心向きに円運動の運動方程式を立てよう。重力 mg [N] の向心力となる成分は，大きさが $mg\cos\theta$ [N] であり，向きは中心向きと逆なので，負の力として扱う。よって，

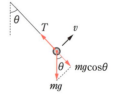

$$m\frac{v^2}{L} = T - mg\cos\theta$$

(1)の答を代入して，

72

$$T = m\frac{v^2}{L} + mg\cos\theta$$
$$= m\frac{v_0^2 - 2gL(1-\cos\theta)}{L} + mg\cos\theta$$
$$= m\left\{\frac{v_0^2}{L} - g(2-3\cos\theta)\right\} \text{[N]}$$

注 (2)の答より，糸の張力の大きさ T〔N〕とふれの角 θ〔rad〕の関係は，右のグラフのようになることがわかる。

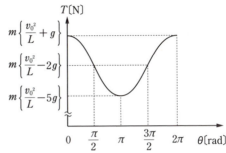

(3) (2)で求めた張力 T〔N〕は，$\theta = \pi$ (最高点)のときに最小値をとる。

> **Point**
> 糸につながれた物体の鉛直面内での円運動では，張力が0になると，糸がたるみ始める。
> ⟶ 最高点で張力が0以上ならば，つねに糸がたるむことはない。

「糸が直線を維持した状態」とは，「糸がたるまない状態」のことである。つまり，$\theta = \pi$ のとき，$T \geqq 0$ を満たす初速度 v_0〔m/s〕の最小値を求めればよい。(2)の答を利用して，$\theta = \pi$ のとき，$T \geqq 0$ より，

$$T = m\left\{\frac{v_0^2}{L} - g(2 - 3\underset{-1}{\cos\pi})\right\} \geqq 0$$

これを v_0 について解けば，
$$v_0 \geqq \sqrt{5gL}$$
よって，最小値は，$v_0 = \sqrt{5gL}$〔m/s〕

答 (1) $v = \sqrt{v_0^2 - 2gL(1-\cos\theta)}$〔m/s〕
(2) $T = m\left\{\dfrac{v_0^2}{L} - g(2-3\cos\theta)\right\}$〔N〕 (3) $v_0 = \sqrt{5gL}$〔m/s〕

8. 単振動

問題 35 水平ばね振り子

次の文中の空欄にあてはまる式を記せ。

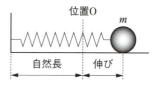

図のように，なめらかな水平面上で，ばね定数 k [N/m] のばねの一端を固定し，他端には質量 m [kg] のおもりをつけて，ばね振り子とする。

ばねを自然長の位置Oから l [m] 伸ばす。この状態でおもりを静かに放せば，おもりは単振動をする。おもりが位置Oに戻ったときの速さは (1) [m/s] になる。おもりの単振動の周期は (2) [s] であり，おもりを静かに放してから位置Oに戻るまでの時間は (3) [s] である。

〈法政大〉

(1) 求める速さを v [m/s] として，力学的エネルギー保存の法則より，

$$0 + \frac{1}{2}kl^2 = \frac{1}{2}mv^2 + 0 \quad よって，\quad v = l\sqrt{\frac{k}{m}} \text{ [m/s]}$$

(2) **単振動**の代表例が，ばね振り子の運動である。単振動では，一往復にかかる時間を**周期**といい，次のように求められる。

> **Point** 単振動の周期の求め方
> (i) 位置 x における運動方程式を立てて，加速度 a を求める。
> (ii) $a = -\omega^2 x$ と比較して，角振動数 ω を求める。
> (iii) $T = \dfrac{2\pi}{\omega}$ に ω を代入して，周期 T を求める。

まず，運動方程式を立てよう。ばねが自然長となる力のつり合いの位置Oを原点とし，右向きを正として x 軸をとる（右図）。位置 x [m] での加速度を a [m/s^2] とすると，ばねの伸びが x [m] なので，

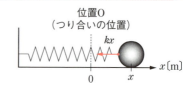

$$ma = -kx \quad よって，\quad a = -\frac{k}{m}x \quad \leftarrow \text{(i)}$$

これを $a = -\omega^2 x$ と比較すると，
$$\omega^2 = \frac{k}{m} \quad \text{よって，} \quad \omega = \sqrt{\frac{k}{m}} \quad \leftarrow\text{(ii)}$$

周期 T〔s〕と角振動数 ω〔rad/s〕との関係より，
$$T = \frac{2\pi}{\omega} = 2\pi\sqrt{\frac{m}{k}} \text{〔s〕} \quad \leftarrow\text{(iii)}$$

この結果の式は，覚えておこう。

公式　ばね振り子の周期 T〔s〕

$$T = 2\pi\sqrt{\frac{m}{k}} \quad \begin{pmatrix} m\text{〔kg〕：おもりの質量} \\ k\text{〔N/m〕：ばね定数} \end{pmatrix}$$

---

(3) 次の単振動の特徴をおさえておこう。

Point　単振動の特徴

力のつり合いの位置（加速度が0になる位置）が振動の中心で，振動の中心に関して対称な運動になる。振動の中心から端までの距離を振幅という。

単振動は力のつり合いの位置（振動の中心）に関して対称な運動なので，おもりを静かに放してから位置 O に戻るまで（右図①）にかかる時間は，周期の $\frac{1}{4}$ 倍になる。よって，求める時間 t〔s〕は，

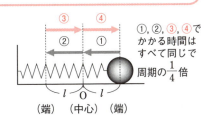

$$t = \frac{1}{4}T = \frac{1}{4} \cdot 2\pi\sqrt{\frac{m}{k}} = \frac{\pi}{2}\sqrt{\frac{m}{k}} \text{〔s〕}$$

---

 (1) $l\sqrt{\dfrac{k}{m}}$　(2) $2\pi\sqrt{\dfrac{m}{k}}$　(3) $\dfrac{\pi}{2}\sqrt{\dfrac{m}{k}}$

問題 36 鉛直ばね振り子

図のように，ばね定数 k [N/m] のばねの上端を天井に固定し，下端に質量 m [kg] のおもりをつるしたところ，ばねは自然長から l [m] だけ伸びて，点 P で静止した。次に，おもりをばねの自然長の位置まで持ち上げ静かに放したところ，おもりは鉛直線上で単振動を始めた。ただし，重力加速度の大きさを g [m/s²] とする。

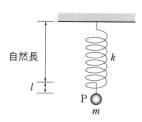

(1) おもりの質量 m を，g, l, k を用いて表せ。
(2) おもりが点 P を通過するときの速さは何 m/s か。g, l を用いて表せ。
(3) ばねは自然長から最大何 m 伸びるか。l を用いて表せ。
(4) 単振動の周期は何 s か。g, l を用いて表せ。

〈摂南大〉

(1) ばねが l [m] だけ伸びたところでおもりが静止しているので，おもりにはたらく力のつり合いより，

$$kl = mg \quad \text{よって，} \quad m = \frac{kl}{g} \text{ [kg]}$$

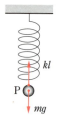

(2) **単振動は，振動の中心に関する対称性があり**，例えば**鉛直ばね振り子**では，「振動の中心」から「上端（上の折り返し点）」までの距離と，「振動の中心」から「下端（下の折り返し点）」までの距離は等しい。単振動ではまず，「振動の中心」と2つの「端」の位置を見抜くことが重要である。

つり合いの位置である点 P が振動の中心になる（図①）。ここから自然長の位置まで持ち上げ静かに放したので，この位置が上端であり（図②），振幅は $A = l$ [m] とわかる。

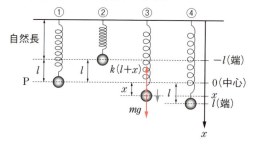

ここからは，p.74 **Point** 単振動の周期の求め方(i)〜(iii)に沿って，解いていこう。点 P を原点として鉛直下向きに x 軸をとり，位置 x [m] での加速度を

a〔m/s²〕とすれば(図③),運動方程式は,

$$ma = mg - k(l + x) \qquad よって, \quad a = g - \frac{k}{m}(l + x)$$

(1)で求めた $m = \dfrac{kl}{g}$ を代入すると,

$$a = -\frac{g}{l}x \qquad ←(i)$$

これを $a = -\omega^2 x$ と比較すると,角振動数 ω〔rad/s〕は,

$$\omega = \sqrt{\frac{g}{l}} \qquad ←(ii)$$

ここで,次のことをおさえておこう。

公式　　**単振動の速さの最大値 v_{max}〔m/s〕**

$$v_{max} = A\omega \qquad (A〔m〕:振幅 \qquad \omega〔rad/s〕:角振動数)$$

※　速さが最大になるのは,振動の中心を通過するとき。

点P(振動の中心)を通過するときの速さ v〔m/s〕は,速さの最大値なので,

$$v = A\omega = l \cdot \sqrt{\frac{g}{l}} = \sqrt{gl}〔m/s〕$$

別解　力学的エネルギー保存の法則を用いて求めることもできる。

　　重力による位置エネルギーの基準を点Pとして,静かに放したとき(図②)と
点Pを通過するときを比較して,

$$0 + mgl + 0 = \frac{1}{2}mv^2 + 0 + \frac{1}{2}kl^2$$

(1)で求めた $m = \dfrac{kl}{g}$ を代入して,　$v = \sqrt{gl}$〔m/s〕

(3)　振幅は l〔m〕なので,図④のように,自然長から最大 $2l$〔m〕伸びる。

(4)　周期を T〔s〕とすると,角振動数 ω〔rad/s〕との関係式より,

$$T = \frac{2\pi}{\omega} = 2\pi\sqrt{\frac{l}{g}}〔s〕 \qquad ←(iii)$$

答　(1) $m = \dfrac{kl}{g}$〔kg〕　(2) $\sqrt{gl}$〔m/s〕　(3) $2l$〔m〕　(4) $2\pi\sqrt{\dfrac{l}{g}}$〔s〕

8. 単振動　77

問題 37 単振り子

図のように，上端を固定した長さ l [m] の糸に，質量 m [kg] の小球をつるした。はじめ小球は，最下点 O で静止していた。時刻 $t = 0$ [s] に水平方向の初速度 v_0 [m/s] を与え，小球を運動させた。重力加速度の大きさを g [m/s^2] とする。

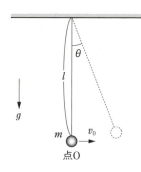

(1) 初速度 v_0 が十分に小さい場合には，小球は単振動をする。この周期はいくらか。

(2) 小球が初めて最下点 O に戻る時刻 t [s] はいくらか。

(3) 初速度 v_0 がある大きさのとき，小球は $\theta = 60°$ となる位置まで上昇し，その後下降を始めた。初速度 v_0 の大きさはいくらか。

〈東京電機大〉

解説 (1) 小球は糸につながれたまま運動するので，実際には右図①のような円軌道を往復する。しかし，θ が十分に小さい場合には，右図②のような直線上の単振動とみなせる。「初速度 v_0 が十分に小さい場合」は振り子の振幅が小さくなるので，「θ が十分に小さい場合」と考えられる。そこで，単振り子の周期は次のように求めていく。

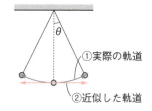
①実際の軌道
②近似した軌道

Point
単振り子の周期は，円軌道に沿った方向の運動方程式を立て，ばね振り子の単振動と同様に，$a = -\omega^2 x$ を用いて求めればよい。

p.74 **Point** 単振動の周期の求め方(i)〜(iii)に沿って求めていこう。まず，円軌道の接線方向に着目して，運動方程式を立てよう。糸が鉛直方向から θ だけ傾いているとき，小球が点 O から水平方向に x [m] だけ変位しているとする。このとき，小球にはたらく接線方向の力は，次ページの右上図のように $mg\sin\theta$ [N] である。反時計回りを正として，小球の加速度を a [m/s^2] とすると，

$$ma = -mg\sin\theta$$

右図より $\sin\theta = \dfrac{x}{l}$ なので,

$$ma = -mg \cdot \dfrac{x}{l}$$

よって, $a = -\dfrac{g}{l}x$ ←(i)

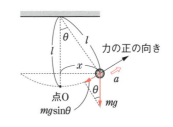

次に,直線上の単振動と考えて,これを $a = -\omega^2 x$ と比較すると,

$$\omega = \sqrt{\dfrac{g}{l}} \quad ←\text{(ii)}$$

周期 T〔s〕は,角振動数 ω〔rad/s〕との関係より,

$$T = \dfrac{2\pi}{\omega} = 2\pi\sqrt{\dfrac{l}{g}} \text{〔s〕} \quad ←\text{(iii)}$$

この結果の式は,覚えておこう。

公式 単振り子の周期 T〔s〕(振幅が小さい場合)

$$T = 2\pi\sqrt{\dfrac{l}{g}} \quad \begin{pmatrix} l\text{〔m〕:糸の長さ} \\ g\text{〔m/s}^2\text{〕:重力加速度の大きさ} \end{pmatrix}$$

---

(2) 小球が点Oを動き始めてから初めて点Oに戻るまでの時間は,周期の $\dfrac{1}{2}$ 倍なので,

$$t = \dfrac{1}{2}T = \pi\sqrt{\dfrac{l}{g}} \text{〔s〕}$$

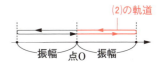

(3) 力学的エネルギー保存の法則を考えよう。$\theta = 60°$ のとき,小球は一瞬速さが0になる。最下点Oを重力による位置エネルギーの基準とすれば,

$$\dfrac{1}{2}mv_0^2 + 0 = 0 + mg \cdot \dfrac{1}{2}l$$

よって, $v_0 = \sqrt{gl}$〔m/s〕

 (1) $2\pi\sqrt{\dfrac{l}{g}}$〔s〕 (2) $t = \pi\sqrt{\dfrac{l}{g}}$〔s〕 (3) $v_0 = \sqrt{gl}$〔m/s〕

9. 万有引力

万有引力 ①　　　　　　　　　　　　　　物理

万有引力定数を G〔N·m²/kg²〕,地球の質量を M〔kg〕,地球の半径を R〔m〕,地表における重力加速度の大きさを g〔m/s²〕とする。

地表にある質量 m〔kg〕の物体にはたらく万有引力について考える。

(1) この力の大きさを m, M, R, G を用いて表せ。
(2) この力の大きさは,地表における重力の大きさに等しい。G と M の積 GM を, g, R を用いて表せ。

地表からの高さが h〔m〕の円軌道を回っている人工衛星Sについて考える。

(3) Sの速さ V〔m/s〕を, g, R, h を用いて表せ。
(4) Sの周期を, V, R, h を用いて表せ。

〈福岡大〉

解説　2物体の間には,互いに引き合う向きに**万有引力**がはたらく。万有引力の大きさは,次のように表される。

公式　**万有引力の大きさ F〔N〕**

$$F = G\frac{m_1 m_2}{r^2}$$

$\begin{pmatrix} m_1,\ m_2\text{〔kg〕}：2物体の質量 \\ r\text{〔m〕}：2物体の距離 \\ G\text{〔N·m}^2\text{/kg}^2\text{〕}：万有引力定数 \end{pmatrix}$

(1) 地球の質量は全て中心に集まっていると考えてよいので,距離は中心間距離として,万有引力を求める。右図のように,地球と物体との距離は,地球の半径 R〔m〕に等しい。よって,万有引力の大きさ F_1〔N〕は,

$$F_1 = G\frac{Mm}{R^2}\text{〔N〕}$$

(2) (1)の力が重力 mg〔N〕と等しいので,

$$G\frac{Mm}{R^2} = mg \quad \text{よって,} \quad GM = gR^2$$

注 地球の自転の影響が無視できる（遠心力を無視できる）ときは，この問題のように，重力は地球との万有引力に等しいと考えてよい。

(3) 人工衛星Sは，地表よりh [m]だけ高い位置を回っているので，地球の中心を円軌道の中心とした，半径$R+h$ [m]の等速円運動をしている。人工衛星Sの質量をm_S [kg]とすると，人工衛星にはたらく万有引力の大きさF_2 [N]は，

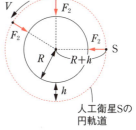

人工衛星Sの円軌道

$$F_2 = G\frac{Mm_S}{(R+h)^2} \text{ [N]}$$

この万有引力はつねに地球の中心に向かっており，hが一定ならば万有引力の大きさも一定である。円運動の運動方程式を立てると，

$$m_S\frac{V^2}{R+h} = G\frac{Mm_S}{(R+h)^2} \quad \text{よって，} \quad V = \sqrt{\frac{GM}{R+h}}$$

(2)の答を代入して，

$$V = \sqrt{\frac{gR^2}{R+h}} = R\sqrt{\frac{g}{R+h}} \text{ [m/s]}$$

(4) 求める周期をT [s]とすると，等速円運動の周期の式$T = \dfrac{2\pi r}{v}$より，

$$T = \frac{2\pi(R+h)}{V} \text{ [s]}$$

答 (1) $G\dfrac{Mm}{R^2}$ [N]　(2) $GM = gR^2$　(3) $V = R\sqrt{\dfrac{g}{R+h}}$ [m/s]
(4) $\dfrac{2\pi(R+h)}{V}$ [s]

問題 39 万有引力 ② 〈物理〉

地球表面から質量 m〔kg〕の物体を，地球表面に垂直に打ち上げる。地球の半径を R〔m〕，質量を M〔kg〕，万有引力定数を G〔N·m²/kg²〕とする。

地球の中心から r〔m〕の距離の位置にある物体の，万有引力による位置エネルギー U〔J〕は，$r \geqq R$ の場合には，無限遠点での値を0として，$U = -G\dfrac{Mm}{r}$ である。

(1) 地球表面での物体の，万有引力による位置エネルギー U_R〔J〕を求めよ。

(2) 物体を地球表面から打ち上げ，それを地球の中心から $r = 2R$ の位置まで到達させるのに必要な最小の初速 v〔m/s〕を求めよ。

(3) 地球表面から物体を打ち上げて，それが再び地球に戻らないようにしたい。物体を打ち上げるのに必要な最小の初速 v_R〔m/s〕を求めよ。

〈信州大〉

解説

万有引力による位置エネルギーは，例えば地球のまわりの物体に着目すると，次のように表される。

公式 万有引力による位置エネルギー U〔J〕

$$U = -G\dfrac{Mm}{r}$$

$\begin{pmatrix} M\text{〔kg〕：地球の質量} \\ m\text{〔kg〕：物体の質量} \\ r\text{〔m〕：地球の中心からの距離} \\ G\text{〔N·m²/kg²〕：万有引力定数} \end{pmatrix}$

※ 無限遠点を基準とする。

(1) 地球表面は，地球の中心から半径 R〔m〕だけ離れているので，

$$U_R = -G\dfrac{Mm}{R} \text{〔J〕}$$

(2) 地球表面から打ち上げられた物体の運動では，**力学的エネルギー保存の法則が成り立ち**，運動エネルギーと万有引力による位置エネルギーの和はつね

に一定になる。打ち上げられたときの物体の運動エネルギー K_1〔J〕と万有引力による位置エネルギー U_1〔J〕は，

$$K_1 = \frac{1}{2}mv^2\text{〔J〕}, \quad U_1 = -G\frac{Mm}{R}\text{〔J〕}$$

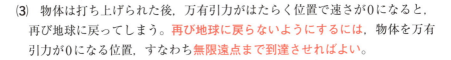

$r = 2R$ の位置における物体の運動エネルギー K_2〔J〕と万有引力による位置エネルギー U_2〔J〕は，このときちょうど速さが0になるので，

$$K_2 = 0\text{〔J〕}, \quad U_2 = -G\frac{Mm}{2R}\text{〔J〕}$$

力学的エネルギー保存の法則より，$K_1 + U_1 = K_2 + U_2$ なので，

$$\frac{1}{2}mv^2 + \left(-G\frac{Mm}{R}\right) = 0 + \left(-G\frac{Mm}{2R}\right) \quad \text{よって，} \quad v = \sqrt{\frac{GM}{R}}\text{〔m/s〕}$$

(3) 物体は打ち上げられた後，万有引力がはたらく位置で速さが0になると，再び地球に戻ってしまう。**再び地球に戻らないようにするには**，物体を万有引力が0になる位置，すなわち**無限遠点まで到達させればよい**。

Point
無限遠点に到達する ⟶ 無限遠点における運動エネルギーが0以上
（万有引力による位置エネルギーは0）

無限遠点における物体の運動エネルギー K_∞〔J〕と万有引力による位置エネルギー U_∞〔J〕は，このときちょうど速さが0になるので，

$$K_\infty = 0\text{〔J〕}, \quad U_\infty = 0\text{〔J〕}$$

力学的エネルギー保存の法則より，$K_1 + U_1 = K_\infty + U_\infty$ なので，

$$\frac{1}{2}mv_R^2 + \left(-G\frac{Mm}{R}\right) = 0 + 0 \quad \text{よって，} \quad v_R = \sqrt{\frac{2GM}{R}}\text{〔m/s〕}$$

答 (1) $U_R = -G\dfrac{Mm}{R}$〔J〕　(2) $v = \sqrt{\dfrac{GM}{R}}$〔m/s〕
(3) $v_R = \sqrt{\dfrac{2GM}{R}}$〔m/s〕

問題 40 ケプラーの法則

質量 M 〔kg〕の太陽のまわりを公転する，質量 m 〔kg〕の人工天体の運動を考えよう。人工天体は太陽から万有引力（万有引力定数を G 〔N·m²/kg²〕とする）を受けて運動し，地球などの惑星から受ける万有引力は無視できるものとする。

質量 m 〔kg〕の人工天体がケプラーの第一法則にしたがって，図のように，太陽を焦点の一つとするだ円軌道Tを公転し，太陽からの距離は，最小の点Aで R_1 〔m〕に等しく，最大の点Bで R_2 〔m〕に等しい。

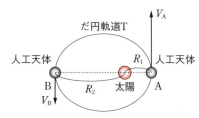

(1) 人工天体の点Aおよび点Bにおける速さをそれぞれ V_A 〔m/s〕, V_B 〔m/s〕とするとき，人工天体の点Aにおける力学的エネルギーと点Bにおける力学的エネルギーが等しいことを表す式を書け。ただし，太陽から R 〔m〕の距離における人工天体の万有引力による位置エネルギーは $-G\dfrac{Mm}{R}$ 〔J〕である。

(2) 一方，人工天体の点Aおよび点Bにおける面積速度はそれぞれ $\dfrac{1}{2}R_1V_A$ 〔m²/s〕および $\dfrac{1}{2}R_2V_B$ 〔m²/s〕である。ケプラーの第二法則と(1)の結果から，人工天体の点Aにおける速さ V_A を， G, M, R_1, R_2 を用いて表せ。

(3) 同様にして，点Bにおける速さ V_B を， G, M, R_1, R_2 を用いて表せ。

〈名古屋工業大〉

(1) 人工天体の運動エネルギーと万有引力による位置エネルギーを考えて，

$$\frac{1}{2}mV_A^2 - G\frac{Mm}{R_1} = \frac{1}{2}mV_B^2 - G\frac{Mm}{R_2} \quad \cdots\cdots ①$$

(2) 太陽のまわりを公転する惑星については，**ケプラーの法則**が成り立つ。

> **Point** ケプラーの法則
>
> 第一法則：惑星は，太陽を1つの焦点とするだ円軌道を公転する。
> 第二法則：惑星と太陽を結ぶ線分が単位時間に通過する面積は一定になる（面積速度一定の法則）。
> 第三法則：惑星の公転周期の2乗は，半長軸の3乗に比例する。

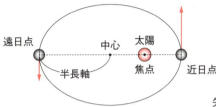

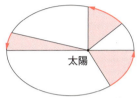

矢印を一定時間に惑星が進む距離とすると，アミかけ部分の面積はすべて同じ（第二法則）。

ケプラーの第二法則より，

$$\frac{1}{2}R_1 V_A = \frac{1}{2}R_2 V_B \quad \cdots\cdots ②$$

②式より， $V_B = \dfrac{R_1}{R_2} V_A \quad \cdots\cdots ③$

③式を①式に代入して，

$$\frac{1}{2}mV_A^2 - G\frac{Mm}{R_1} = \frac{1}{2}m\left(\frac{R_1}{R_2}V_A\right)^2 - G\frac{Mm}{R_2}$$

よって， $V_A = \sqrt{\dfrac{2GMR_2(R_2 - R_1)}{R_1(R_2^2 - R_1^2)}} = \sqrt{\dfrac{2GMR_2}{R_1(R_1 + R_2)}}$ 〔m/s〕

(3) (2)の答を③式に代入して，

$$V_B = \sqrt{\dfrac{2GMR_1}{R_2(R_1 + R_2)}} \text{〔m/s〕}$$

注 ケプラーの法則は，惑星だけでなく，太陽のまわりを公転する天体すべてについて成り立つ。また，地球のまわりを回る月，人工衛星についても成り立つ。

答 (1) $\dfrac{1}{2}mV_A^2 - G\dfrac{Mm}{R_1} = \dfrac{1}{2}mV_B^2 - G\dfrac{Mm}{R_2}$

(2) $V_A = \sqrt{\dfrac{2GMR_2}{R_1(R_1 + R_2)}}$ 〔m/s〕　　(3) $V_B = \sqrt{\dfrac{2GMR_1}{R_2(R_1 + R_2)}}$ 〔m/s〕

第2章　熱

10. 比熱と熱容量

比熱と熱容量　　　　　　　　　　　　　　　　　　　　　物理基礎

　外部と熱の出入りのない容器の中に，−20℃の氷が100g入っている。これに電熱器を用いて70Wの割合で一定の熱を加えたとき，図のようにその温度が変化した。容器の熱容量は無視でき，水と氷の比熱はそれぞれ一定とする。有効数字2桁で答えよ。

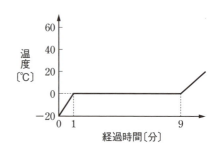

(1)　氷の比熱〔J/(g·K)〕を求めよ。
(2)　氷の融解熱〔J/g〕を求めよ。
(3)　熱を加えはじめてから，50℃の水になるまでの時間〔分〕を求めよ。ただし，水の比熱を4.2J/(g·K)とする。

〈東海大〉

　(1)　まず，**比熱**について確認しておこう。

公式　　比熱 c〔J/(g·K)〕
1gの物質を1Kだけ温度上昇させるのに必要な熱量のこと。
$\Longrightarrow$ m〔g〕の物質を ΔT〔K〕だけ温度上昇させるのに必要な熱量 Q〔J〕：
$$Q = mc\Delta T$$

　氷の比熱を c〔J/(g·K)〕とする。70Wの割合で一定の熱を加えるとは，1秒あたり70Jの熱を加えるということである（単位〔W〕は〔J/s〕に等しい）。0～1分の1分間（= 60秒間），熱を加えたところ，100gの氷は20℃（= 20K）だけ温度が上昇しているので，
　　　$70 \times 60 \times 1 = 100 \times c \times 20$　　よって，$c = 2.1$〔J/(g·K)〕
さらに，比熱と合わせて，**熱容量**についても確認しておこう。

> **公式** 　**熱容量 C 〔J/K〕**
> 物体(物質全体)を 1 K だけ温度上昇させるのに必要な熱量のこと。
> ⟹ 物体を ΔT 〔K〕だけ温度上昇させるのに必要な熱量 Q〔J〕:
> $$Q = C\Delta T$$

注 　熱容量 C〔J/K〕と比熱 c〔J/(g·K)〕の間には，物質の質量 m〔g〕を用いて，$C = mc$ の関係がある。

(2) 　物質には，**固体**，**液体**，**気体**の3つの状態があり，これを**物質の三態**という。ここで，**融解熱**について確認しておこう。

> **公式** 　**融解熱 L〔J/g〕**
> 1 g の物質を固体→液体に変化させるのに必要な熱量のこと。
> ⟹ m〔g〕の物質を固体→液体に変化させるのに必要な熱量 Q〔J〕:
> $$Q = mL$$
> ※ 　1 g の物質を液体→気体に変化させるのに必要な熱量のことを，蒸発熱という。

1〜9分の8分間，温度が0℃のまま変化しない。この間に加えた熱量がすべて，100 g の氷(固体)を水(液体)に変えるために使われていることになる。氷の融解熱を L〔J/g〕とすると，

$$70 \times 60 \times 8 = 100 \times L \quad よって，\quad L = 336 ≒ 3.4 \times 10^2 〔J/g〕$$

(3) 　熱を加えはじめてから9分が経過すると，氷がすべて水に変わる。この 0℃ の水 100 g が 50℃ になるまでの時間を t〔分〕とすると，

$$70 \times 60 \times t = 100 \times 4.2 \times 50 \quad よって，\quad t = 5 〔分〕$$

熱を加えはじめてからの時間を求めるので，

$$9 + 5 = 14 〔分〕$$

　(1) 2.1 J/(g·K) 　(2) 3.4×10^2 J/g 　(3) 14分

問題 42 熱量の保存

物理基礎

温度10℃の液体Aと40℃の液体Bがそれぞれ別の断熱容器に入れてある。他に固体Cを用意する。A, B, Cの質量はすべて同じとし，またAの比熱を4.0J/(g·K)とする。有効数字2桁で答えよ。

(1) 液体Aに，100℃に加熱された固体Cを入れて，しばらく放置したら，25℃になった。固体Cの比熱はいくらか。
(2) 次に，固体Cを入れた25℃の液体Aに，液体Bを混ぜると，30℃になった。液体Bの比熱はいくらか。

〈福井工業大〉

解説

温度差のある2物体を接触させると，高温物体から低温物体へ熱が移動し，最終的に同じ温度になる。この状態を**熱平衡**という。熱のやりとりについて，次のことが成り立つ。

公式　熱量の保存
（高温物体が失った熱量）＝（低温物体が得た熱量）

(1) 液体Aの温度は10℃から25℃に，固体Cの温度は100℃から25℃に，それぞれ変化している。このことから，液体Aは熱量を得て，固体Cは熱量を失ったことがわかる。

液体A（低温物体）が得た熱量と，固体C（高温物体）が失った熱量を，表にまとめておこう。固体Cの比熱を c_1〔J/(g·K)〕，A, B, Cの等しい質量をともに m〔g〕として，

	液体A	固体C
質量〔g〕	m	m
比熱〔J/(g·K)〕	4.0	c_1
温度変化	10℃→25℃	100℃→25℃
熱量〔J〕	$m \times 4.0 \times (25-10)$ 得た熱量	$m \times c_1 \times (100-25)$ 失った熱量

ここで，次のことに注意しておこう。

Point

熱量を計算するときの温度差は，高い温度から低い温度を引く。
（失った熱量）＝（質量）×（比熱）×（はじめの温度－後の温度）
（得た熱量）＝（質量）×（比熱）×（後の温度－はじめの温度）

したがって，熱量の保存より，
$$m \times c_1 \times (100 - 25) = m \times 4.0 \times (25 - 10)$$
よって，　$c_1 = 0.80 \, [J/(g \cdot K)]$

別解　熱量の保存は，0℃を基準とした熱エネルギーを考えて，「（はじめの熱エネルギーの和）＝（後の熱エネルギーの和）」と立式してもよい。
$$m \times 4.0 \times 10 + m \times c_1 \times 100 = m \times 4.0 \times 25 + m \times c_1 \times 25$$
よって，　$c_1 = 0.80 \, [J/(g \cdot K)]$

(2)　(1)と同様に，液体Aと固体C（低温物体）が得た熱量と，液体B（高温物体）が失った熱量を，表にまとめておこう。液体Bの比熱を$c_2 \, [J/(g \cdot K)]$として，

	液体A	固体C	液体B
質量〔g〕	m	m	m
比熱〔J/(g·K)〕	4.0	0.80	c_2
温度変化	25℃→30℃	25℃→30℃	40℃→30℃
熱量〔J〕	$m \times 4.0 \times (30 - 25)$ 得た熱量	$m \times 0.80 \times (30 - 25)$ 得た熱量	$m \times c_2 \times (40 - 30)$ 失った熱量

したがって，熱量の保存より，
$$m \times c_2 \times (40 - 30)$$
$$= m \times 4.0 \times (30 - 25) + m \times 0.80 \times (30 - 25)$$
よって，　$c_2 = 2.4 \, [J/(g \cdot K)]$

答　(1) $0.80 \, J/(g \cdot K)$　　(2) $2.4 \, J/(g \cdot K)$

10. 比熱と熱容量　89

11. 気体の状態方程式

気体の状態方程式　　物理

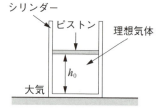

　断面積 S (m²)のシリンダーが図のように鉛直に置かれている。シリンダー内には重さの無視できるピストンが挿入されており，気密を保ちながら上下になめらかに動く。内部には理想気体が封入されている。また，シリンダーの底部からピストンの底部までの距離をピストンの高さとする。最初の状態では，ピストンは h_0 (m)の高さにあり，シリンダー内の気体の温度 T_0 (K)と圧力 p_0 (Pa)は，シリンダー外部の大気と同じである。また，気体定数を R (J/(mol·K))，重力加速度の大きさを g (m/s²)とする。次の文中の空欄にあてはまる式を記せ。

　気体の物質量は □(1)□ (mol)である。ピストンの上部に質量 M (kg)のおもりをゆっくりのせたところ，ピストンは h_1 (m)の高さで静止した。このとき，気体の圧力を p_1 (Pa)，温度を T_1 (K)とする。ピストンにはたらく力のつり合いから p_0, M, g, S を用いて，$p_1 =$ □(2)□ (Pa)と表せる。また，h_0, h_1, p_0, p_1, T_0 を用いて，$T_1 =$ □(3)□ (K)と表せる。

〈大分大〉

(1) 理想気体では，次の**状態方程式**がつねに成り立つ。

公式　理想気体の状態方程式

$$pV = nRT$$

p (Pa)：圧力
V (m³)：体積
n (mol)：物質量（モル数）
R (J/(mol·K))：気体定数
T (K)：温度（絶対温度）

　シリンダー内の気体の体積は Sh_0 (m³)なので，気体の物質量を n (mol)として，状態方程式は，

$$p_0 S h_0 = nRT_0 \quad \text{よって,} \quad n = \frac{p_0 S h_0}{RT_0} \text{(mol)}$$

(2) ピストンには，おもりの重力の他に，シリンダー内部の気体や外部の大気から押される力がはたらいている。圧力は単位面積にはたらく力なので(圧力の単位[Pa]は[N/m²]に等しい)，次のようになる。

> **公式** 気体が面を垂直に押す力 F [N]
> $$F = pS \quad (p[\text{Pa}](=[\text{N/m}^2]):圧力 \quad S[\text{m}^2]:断面積)$$

ピストンにはたらく力のつり合いの式を立てよう。ピストンは，外部の大気から下向きに大きさ $p_0 S$ [N] の力を，内部の気体から上向きに大きさ $p_1 S$ [N] の力を受けるので(右図)，

$$p_1 S = p_0 S + Mg$$

よって， $p_1 = p_0 + \dfrac{Mg}{S}$ [Pa]

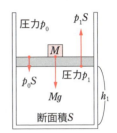

(3) 気体の体積は Sh_1 [m³] なので，状態方程式は，

$$p_1 S h_1 = nRT_1 \quad \text{よって，} \quad T_1 = \dfrac{p_1 S h_1}{nR} = \dfrac{p_1 h_1}{p_0 h_0} T_0 \text{[K]}$$

別解 一定量の気体の状態変化では，次の**ボイル・シャルルの法則**が成り立つ。

> **公式** ボイル・シャルルの法則
> $$\dfrac{pV}{T} = 一定 \quad \begin{pmatrix} p[\text{Pa}]:圧力 \\ V[\text{m}^3]:体積 \\ T[\text{K}]:温度(絶対温度) \end{pmatrix}$$

おもりをのせる前とのせた後に着目して，ボイル・シャルルの法則より，

$$\dfrac{p_0 S h_0}{T_0} = \dfrac{p_1 S h_1}{T_1} \quad \text{よって，} \quad T_1 = \dfrac{p_1 h_1}{p_0 h_0} T_0 \text{[K]}$$

答 (1) $\dfrac{p_0 S h_0}{RT_0}$ (2) $p_0 + \dfrac{Mg}{S}$ (3) $\dfrac{p_1 h_1}{p_0 h_0} T_0$

11. 気体の状態方程式

問題 44 水圧　〔物理基礎〕〔物理〕

　図1のように下方に開放部がある容器が液体の上に配置されており，容器内の上方には理想気体が封入されている。この容器は熱を通し，理想気体，液体および外気の温度は同じであり，常に絶対温度 T〔K〕に保たれている。また外気の圧力は常に大気圧 P〔Pa〕であるものとする。ここで，容器の質量は無視できるとし，容器の断面積を S〔m^2〕，重力加速度の大きさを g〔m/s^2〕，液体の密度を ρ〔kg/m^3〕とする。また容器の頂部の面は常に水平に保たれている。

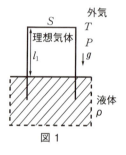
図1

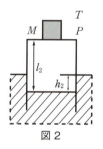
図2

(1) 図1のように，容器内外の液面の高さが同じ状態では，容器内の気圧は大気圧 P に等しい。このとき，容器内の液面と頂部間の距離は l_1〔m〕であった。次に図2のように質量 M〔kg〕のおもりを容器の上に静かに置いて十分に時間が経過したとき，容器内の液面と頂部間の距離が l_2〔m〕であった。大気圧 P を l_1，l_2，M，g および S で答えよ。

(2) 図2のとき，容器内の液面の高さは外より h_2〔m〕だけ低かった。h_2 を M，S および ρ で答えよ。

〈愛媛大〉

 (1) 容器内の気体について，圧力と体積の変化に着目しよう。まず，図1のときは圧力 P〔Pa〕，体積 Sl_1〔m^3〕である。図2のときは体積 Sl_2〔m^3〕である。図2のときの気体の圧力を P_2〔Pa〕とすると，容器の質量が無視できることに注意して，容器とおもりの力のつり合いより，

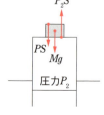

$$P_2 S = PS + Mg \quad \text{よって，} \quad P_2 = P + \frac{Mg}{S} \quad \cdots\cdots ①$$

容器内の気体の量は変化がないので，ボイル・シャルルの法則より，気体の温度は常にT〔K〕なので，

$$\frac{PSl_1}{T} = \frac{P_2Sl_2}{T} \quad \text{よって，} \quad Pl_1 = P_2l_2$$

①式を代入して，

$$Pl_1 = \left(P + \frac{Mg}{S}\right)l_2 \quad \text{よって，} \quad P = \frac{Mgl_2}{(l_1-l_2)S} \text{〔Pa〕}$$

(2) 図2のときの気体の圧力P_2を違う形で表してみよう。容器内の液面に着目したとき，液面を下向きに押す気体の圧力と，液面を上向きに押す液体の圧力が等しくなっている。ここで，次のことをおさえておこう。

公式 **深さh〔m〕における水の圧力p〔Pa〕**

$$p = p_0 + \rho h g$$

p_0〔Pa〕：大気圧
ρ〔kg/m³〕：水の密度
g〔m/s²〕：重力加速度の大きさ

水を液体に置き直して考えると，深さh_2〔m〕における液体の圧力は$P + \rho h_2 g$〔Pa〕と表すことができ，これがP_2と等しいので，

$$P_2 = P + \rho h_2 g$$

①式を用いて，

$$P + \frac{Mg}{S} = P + \rho h_2 g \quad \text{よって，} \quad h_2 = \frac{M}{\rho S} \text{〔m〕}$$

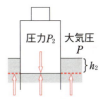
ともに圧力$P + \rho h_2 g$

答 (1) $P = \dfrac{Mgl_2}{(l_1-l_2)S}$〔Pa〕 (2) $h_2 = \dfrac{M}{\rho S}$〔m〕

12. 気体の分子運動論

問題 45　気体の分子運動論 ①

次の文中の空欄にあてはまる式または数値を記せ。

図のような，一辺の長さL〔m〕の立方体の容器に，質量m〔kg〕の気体分子N個が入っている。ここで，1つの分子の速度を$\vec{v}$〔m/s〕，そのx軸，y軸，z軸方向の速度成分をそれぞれv_x, v_y, v_zとする。なお，気体は理想気体で，気体分子は容器の内壁と完全弾性衝突し，分子どうしの衝突はないものとする。

x軸に垂直な壁Sに向かって飛んできた1つの分子がもつ，壁に垂直な速度成分はv_xである。その分子の運動量の壁に垂直な成分は　(1)　〔kg·m/s〕である。これは，壁と衝突後，　(2)　〔kg·m/s〕に変化するので，壁に与える力積は　(3)　〔N·s〕となる。この分子が壁Sに衝突後，再び壁Sに衝突するまでの時間は　(4)　〔s〕であり，壁Sにこの分子が単位時間あたりに与える力積は　(5)　〔N〕である。ここで，N個の分子について，その速度の2乗の平均を$\overline{v^2}$，速度のx成分の2乗の平均を$\overline{v_x^2}$とする。気体分子の運動はどの方向にも同等であり，$\overline{v_x^2} = $　(6)　$\overline{v^2}$となる。したがって，壁SにN個の分子が単位時間あたりに与える平均的な力積，すなわち，壁Sに与える力は　(7)　〔N〕となり，気体の圧力は　(8)　〔Pa〕と表される。

〈長崎大〉

(1) 運動量の壁に垂直な成分はmv_x〔kg·m/s〕である。

(2) 分子は壁と完全弾性衝突するので，衝突後の速度成分は$-v_x$〔m/s〕であり（右図），運動量の壁に垂直な成分は$-mv_x$〔kg·m/s〕である。

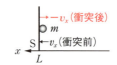

(3) 壁に与える力と分子が受ける力は，作用・反作用の法則より，同じ大きさなので，壁に与える力積と分子が受ける力積も同じ大きさになる（向きは逆向き）。分子が受ける力積は，分子の運動量の変化に等しいので，

$(-mv_x) - mv_x = -2mv_x$〔N·s〕

よって，壁に与える力積は，符号を逆にして，$2mv_x$〔N·s〕である。

(4) 分子は壁Sに衝突後，反対側の壁S′に衝突して再び壁Sに戻ってくる。この間に分子はx軸方向で測った距離$2L$〔m〕だけ進むので（右図），必要な時間は$\dfrac{2L}{v_x}$〔s〕である。

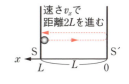

(5) 単位時間（1s）あたりに分子が壁Sに衝突する回数は$1 \div \dfrac{2L}{v_x} = \dfrac{v_x}{2L}$〔回/s〕なので，この分子が単位時間あたりに壁Sに与える力積は，
$$2mv_x \cdot \dfrac{v_x}{2L} = \dfrac{mv_x^2}{L} \text{〔N〕}$$

(6) 速度成分について，三平方の定理から，
$$v^2 = v_x^2 + v_y^2 + v_z^2$$
ここで，次のことをおさえておこう。

Point
気体分子の運動はどの方向にも同等なので，$\overline{v_x^2} = \overline{v_y^2} = \overline{v_z^2}$である。

平均をとると$\overline{v^2} = \overline{v_x^2} + \overline{v_y^2} + \overline{v_z^2}$であり，さらに$\overline{v_x^2} = \overline{v_y^2} = \overline{v_z^2}$より，
$$\overline{v^2} = \overline{v_x^2} + \overline{v_x^2} + \overline{v_x^2} = 3\overline{v_x^2} \quad よって，\quad \overline{v_x^2} = \dfrac{1}{3}\overline{v^2}$$

(7) N個の分子が単位時間あたりに壁Sに与える平均的な力積は，
$$N \cdot \dfrac{m\overline{v_x^2}}{L} = N \cdot \dfrac{m}{L} \cdot \dfrac{1}{3}\overline{v^2} = \dfrac{Nm\overline{v^2}}{3L} \text{〔N〕}$$

(8) 壁Sに与える力が(7)なので，気体の圧力p〔Pa〕は，壁Sの面積L^2〔m²〕から，
$$p = \dfrac{Nm\overline{v^2}}{3L} \div L^2 = \dfrac{Nm\overline{v^2}}{3L^3} \text{〔Pa〕}$$

答 (1) mv_x　(2) $-mv_x$　(3) $2mv_x$　(4) $\dfrac{2L}{v_x}$　(5) $\dfrac{mv_x^2}{L}$　(6) $\dfrac{1}{3}$
(7) $\dfrac{Nm\overline{v^2}}{3L}$　(8) $\dfrac{Nm\overline{v^2}}{3L^3}$

問題 46 気体の分子運動論 ② 〔物理〕

気体分子が，容器の中で不規則な熱運動を行いながら容器の壁と衝突を繰り返すことで，分子は壁に力をおよぼす。多数の分子がおよぼすこの力を時間的にならしたものが，気体が壁におよぼす圧力であると考えられる。この考えに基づくと，分子1個の質量が m〔kg〕である分子 N 個からなる気体の圧力 p〔Pa〕は，

$$p = \frac{Nm\overline{v^2}}{3V} \quad \cdots\cdots ①$$

と表すことができる。ただし，V〔m³〕は容器の体積，$\overline{v^2}$〔m²/s²〕は分子の速さの2乗の平均値である。次の文中の空欄にあてはまる式を記せ。

(1) 分子の個数 N が，ちょうど1molに相当する場合を考える。1molの理想気体に対する状態方程式（圧力 p，体積 V，絶対温度 T〔K〕の間の関係式）は，気体定数を R〔J/(mol·K)〕として ［ア］ と書けるので，①式と比較して，絶対温度 T における分子の運動エネルギーの平均は $\frac{1}{2}m\overline{v^2} = $ ［イ］〔J〕と表せる。

(2) 単原子分子理想気体では，気体の内部エネルギーは個々の気体分子の運動エネルギーの和で与えられる。①式より内部エネルギー U〔J〕を圧力 p と体積 V を用いて表すと，$U = $ ［ウ］〔J〕となる。これに ［ア］ を代入すると，絶対温度 T における1molの単原子分子理想気体の内部エネルギーは T を用いて $U = $ ［エ］〔J〕と表せることがわかる。

〈関西大〉

(1) ［ア］ 1molの理想気体の状態方程式は，
$$pV = RT$$

［イ］ ①式を変形して $\frac{1}{2}m\overline{v^2}$ の形にしよう。①式の両辺に $\frac{3V}{2N}$ を掛けて，左右を入れ替えると，

$$\frac{1}{2}m\overline{v^2} = \frac{3pV}{2N}$$

ここに，［ア］を代入すると，

$$\frac{1}{2}m\overline{v^2} = \frac{3RT}{2N}〔J〕$$

96

この結果の式は，ボルツマン定数 k〔J/K〕を用いた次の形で覚えておこう。ボルツマン定数は，アボガドロ定数 N_A〔1/mol〕（問題文の N に等しい）と気体定数 R〔J/(mol・K)〕を用いて，$k = \dfrac{R}{N_A}$ と表される定数である。

公式　　**気体分子の平均運動エネルギー $\dfrac{1}{2}m\overline{v^2}$〔J〕**

$$\frac{1}{2}m\overline{v^2} = \frac{3}{2}kT \qquad \left(\begin{matrix} k\text{〔J/K〕：ボルツマン定数} \\ T\text{〔K〕：温度（絶対温度）} \end{matrix} \right)$$

※　$k = \dfrac{R}{N_A}$　（N_A〔1/mol〕：アボガドロ定数　R〔J/(mol・K)〕：気体定数）

---

(2)　(ウ)　気体の内部エネルギー U〔J〕は，個々の気体分子の運動エネルギーの和で与えられるので，$\dfrac{1}{2}m\overline{v^2}$ の N 倍を求めればよく，

$$U = N \cdot \frac{1}{2}m\overline{v^2} = N \cdot \frac{3pV}{2N} = \frac{3}{2}pV \text{〔J〕}$$

(エ)　(ウ)に(ア)を代入すると，

$$U = \frac{3}{2}RT \text{〔J〕}$$

これは1molの単原子分子理想気体の内部エネルギーであり，n〔mol〕の場合は n 倍になるので，次の形で覚えておこう。

公式　　**単原子分子理想気体の内部エネルギー U〔J〕**

$$U = \frac{3}{2}nRT \qquad \left(\begin{matrix} n\text{〔mol〕：物質量} \\ R\text{〔J/(mol・K)〕：気体定数} \\ T\text{〔K〕：温度（絶対温度）} \end{matrix} \right)$$

※　圧力 p〔Pa〕と体積 V〔m³〕を用いて，$U = \dfrac{3}{2}pV$ とも表せる。

答　(1) (ア) $pV = RT$　　(イ) $\dfrac{3RT}{2N}$　　(2) (ウ) $\dfrac{3}{2}pV$　　(エ) $\dfrac{3}{2}RT$

12. 気体の分子運動論　97

問題 47 2室の気体の混合

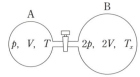

次の文中の空欄にあてはまる式を記せ。

図のような，コックのついた細い管と，それでつながれたA(容積V[m³])とB(容積$2V$[m³])からなる断熱容器がある。はじめ，Aには絶対温度T[K]，圧力p[Pa]の，Bには絶対温度T_x[K]，圧力$2p$[Pa]の単原子分子理想気体が入っており，コックは閉じられている。このとき，容器A内の気体がもつ内部エネルギーは (1) [J]と表すことができる。次に，コックを開けたところ，気体全体の絶対温度が$2T$[K]となり，圧力は (2) [Pa]となった。このことから，コックを開ける前の容器B内の気体の絶対温度T_xは (3) [K]であったことがわかる。

〈東京都市大〉

解説

(1) 気体定数をR[J/(mol・K)]とする。はじめの容器A内の気体をn_A[mol]とすると，絶対温度がT[K]なので，内部エネルギーU_A[J]は，

$$U_A = \frac{3}{2}n_A RT \text{[J]}$$

また，状態方程式は，

$$pV = n_A RT$$

したがって，

$$U_A = \frac{3}{2}pV \text{[J]}$$

(2) まず，はじめの容器A内の気体と容器B内の気体，混合後の気体の状態をおさえておこう。ここで，はじめの容器B内の気体をn_B[mol]，混合後の気体の圧力をp'[Pa]とし，はじめの容器B内の気体の内部エネルギーをU_B[J]，混合後の気体の内部エネルギーをU'[J]とする。

	容器A内	容器B内	混合後
圧力〔Pa〕	p	$2p$	p'
体積〔m³〕	V	$2V$	$3V$
物質量〔mol〕	n_A	n_B	$n_A + n_B$
温度〔K〕	T	T_x	$2T$
状態方程式	$pV = n_A RT$	$2p \cdot 2V = n_B RT_x$	$p' \cdot 3V = (n_A + n_B)R \cdot 2T$
内部エネルギー〔J〕	$U_A = \frac{3}{2}n_A RT$ $= \frac{3}{2}pV$	$U_B = \frac{3}{2}n_B RT_x$ $= \frac{3}{2} \cdot 2p \cdot 2V$	$U' = \frac{3}{2}(n_A + n_B)R \cdot 2T$ $= \frac{3}{2} p' \cdot 3V$

ここで，容積が変化しない断熱容器での気体の混合では，次のことがいえる。

Point
混合の前後で，気体の内部エネルギーの和は保存する。

すなわち，$U_A + U_B = U'$ なので，

$$\frac{3}{2}pV + \frac{3}{2} \cdot 2p \cdot 2V = \frac{3}{2}p' \cdot 3V \quad \text{よって，} \quad p' = \frac{5}{3}p \text{〔Pa〕}$$

(3) 混合後の気体の状態方程式から，

$$\frac{5}{3}p \cdot 3V = (n_A + n_B)R \cdot 2T \quad \text{よって，} \quad n_A + n_B = \frac{5pV}{2RT} \quad \cdots\cdots ①$$

また，混合前の容器A内の気体の状態方程式から，

$$pV = n_A RT \quad \text{よって，} \quad n_A = \frac{pV}{RT} \quad \cdots\cdots ②$$

①，②式より，

$$n_B = \frac{3pV}{2RT}$$

これを，混合前の容器B内の気体の状態方程式に代入して，

$$2p \cdot 2V = \frac{3pV}{2RT} \cdot RT_x \quad \text{よって，} \quad T_x = \frac{8}{3}T \text{〔K〕}$$

(1) $\frac{3}{2}pV$　(2) $\frac{5}{3}p$　(3) $\frac{8}{3}T$

13. 熱力学第一法則

熱力学第一法則 ①   物理

単原子分子の理想気体 n [mol] の状態を変化させる。図において，状態Aの圧力，体積，温度をそれぞれ p_1 [Pa]，V_1 [m³]，T_1 [K] とする。また，状態Bと状態Cは温度が等しく，その温度を T_2 [K] とする。気体定数を R [J/(mol·K)] として，次の文中の空欄にあてはまる式または数値を記せ。ただし，式には n，R，T_1，T_2 を用いること。

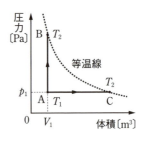

(1) 体積一定で，A→Bと変化させた場合，気体が外部にした仕事は [ア] [J] であり，内部エネルギーの増加は [イ] [J] である。また，理想気体に与えられた熱量は [ウ] [J] である。

(2) 圧力一定で，A→Cと変化させた場合，気体が外部にした仕事は [エ] [J] であり，内部エネルギーの増加は [オ] [J] である。また，理想気体に与えられた熱量は [カ] [J] である。

〈三重大〉

 気体におけるエネルギー保存の法則を，**熱力学第一法則**という。

公式 熱力学第一法則

$$Q = \Delta U + W$$

Q [J]：気体に加えた熱量
ΔU [J]：内部エネルギーの変化
W [J]：気体が外部にした仕事

※ 温度上昇 ⟶ $\Delta U > 0$，温度下降 ⟶ $\Delta U < 0$
※ 体積増加 ⟶ $W > 0$，体積減少 ⟶ $W < 0$

---

(1) (ア) 体積一定なので，仕事 W_1 [J] は，$W_1 = 0$ [J]

(イ) n [mol] の単原子分子理想気体の内部エネルギーの変化 ΔU [J] は，気体定数 R [J/(mol·K)]，温度変化（後の温度 − はじめの温度）ΔT [K] を用いて，$\Delta U = \dfrac{3}{2} nR\Delta T$ と書ける。

温度変化が $T_2 - T_1$〔K〕なので，内部エネルギーの増加（変化）ΔU_1〔J〕は，

$$\Delta U_1 = \frac{3}{2}nR(T_2 - T_1)\,\text{〔J〕}$$

(ウ) 理想気体に与えられた熱量を Q_1〔J〕として，熱力学第一法則より，

$$Q_1 = \Delta U_1 + W_1 = \frac{3}{2}nR(T_2 - T_1) + 0 = \frac{3}{2}nR(T_2 - T_1)\,\text{〔J〕}$$

(2) (エ) 圧力一定のとき，気体が外部にした仕事は，次のように求められる。

公式　**定圧変化で気体が外部にした仕事 W〔J〕**

$$W = p\Delta V \qquad (p\text{〔Pa〕：圧力}\qquad \Delta V\text{〔m}^3\text{〕：体積変化})$$

状態Cでの体積を V_2〔m³〕とする。仕事 W_2〔J〕は，

$$W_2 = p_1(V_2 - V_1)$$

状態Aの状態方程式 $p_1V_1 = nRT_1$ と，状態Cの状態方程式 $p_1V_2 = nRT_2$ を用いて，

$$W_2 = nR(T_2 - T_1)\,\text{〔J〕}$$

(オ) 温度変化 $T_2 - T_1$〔K〕より，内部エネルギーの増加（変化）ΔU_2〔J〕は，

$$\Delta U_2 = \frac{3}{2}nR(T_2 - T_1)\,\text{〔J〕}$$

(カ) 理想気体に与えられた熱量を Q_2〔J〕として，熱力学第一法則より，

$$Q_2 = \Delta U_2 + W_2 = \frac{3}{2}nR(T_2 - T_1) + nR(T_2 - T_1)$$

$$= \frac{5}{2}nR(T_2 - T_1)\,\text{〔J〕}$$

注　気体1molを温度1Kだけ上げるのに必要な熱量を**モル比熱**という。単原子分子理想気体の定積モル比熱 C_V と定圧モル比熱 C_p の値は，覚えておこう。(ウ)，(カ)の結果から求められるが，それぞれ $C_V = \frac{3}{2}R\,\text{〔J/(mol·K)〕}$，$C_p = \frac{5}{2}R\,\text{〔J/(mol·K)〕}$ である。

答　(1) (ア) 0　　(イ) $\frac{3}{2}nR(T_2 - T_1)$　　(ウ) $\frac{3}{2}nR(T_2 - T_1)$

(2) (エ) $nR(T_2 - T_1)$　　(オ) $\frac{3}{2}nR(T_2 - T_1)$　　(カ) $\frac{5}{2}nR(T_2 - T_1)$

13. 熱力学第一法則　101

問題 49 熱力学第一法則 ②

単原子分子の理想気体が容器に閉じ込められている。気体の圧力 p [Pa] と体積 V [m³] を，図のように，状態 S（圧力 p_0 [Pa]，体積 V_0 [m³]，温度 T_0 [K]）から，A，B，C，D の4つの状態に変化させた。ここで，S→A は定積変化，S→B は定圧変化，S→C は等温変化，S→D は断熱変化である。また，状態 D の圧力は p_1 [Pa]，体積は V_1 [m³] である。

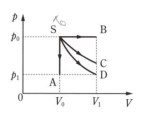

(1) 状態 A，B，D の温度 T_A，T_B，T_D [K] それぞれを，T_0，p_0，p_1，V_0，V_1 のうちから必要な記号を用いて表せ。

(2) 状態 A，B，C，D の温度 T_A，T_B，T_C，T_D [K] を，高い順に並べよ。

(3) 等温変化 S→C において，気体が外部にした仕事 W_{SC} [J] と，気体に加えた熱量 Q_{SC} [J] の大小関係を示せ。

(4) 断熱変化 S→D において，気体が外部にした仕事 W_{SD} [J] を，T_0，p_0，p_1，V_0，V_1 のうちから必要な記号を用いて表せ。

〈千葉大〉

(1) それぞれの変化について，ボイル・シャルルの法則を考えると，

$$S \to A : \frac{p_0 V_0}{T_0} = \frac{p_1 V_0}{T_A} \quad \text{よって，} \quad T_A = \frac{p_1}{p_0} T_0 \text{ [K]}$$

$$S \to B : \frac{p_0 V_0}{T_0} = \frac{p_0 V_1}{T_B} \quad \text{よって，} \quad T_B = \frac{V_1}{V_0} T_0 \text{ [K]}$$

$$S \to D : \frac{p_0 V_0}{T_0} = \frac{p_1 V_1}{T_D} \quad \text{よって，} \quad T_D = \frac{p_1 V_1}{p_0 V_0} T_0 \text{ [K]}$$

(2) 問題図から読み取れる，圧力と体積の大小関係から判断しよう。一定量の気体では，圧力と体積の積が温度に比例するので，次のことがいえる。

Point
体積が同じ ⟶ 圧力が大きいほど温度が高い
圧力が同じ ⟶ 体積が大きいほど温度が高い

状態B，C，Dは体積が同じなので，圧力の大小関係から，
$$T_B > T_C > T_D$$
また，状態A，Dは圧力が同じなので，体積の大小関係から，
$$T_D > T_A$$
よって，温度を高い順に並べると，
$$T_B > T_C > T_D > T_A$$

(3) 気体の内部エネルギーの変化をΔU_{SC}〔J〕とすると，熱力学第一法則より，
$$Q_{SC} = \Delta U_{SC} + W_{SC}$$
ここで，S→Cは等温変化なので，$\Delta U_{SC} = 0$〔J〕である。よって，
$$Q_{SC} = W_{SC}$$

(4) 内部エネルギーの変化をΔU_{SD}〔J〕とすると，状態Sでの内部エネルギーU_S〔J〕と状態Dでの内部エネルギーU_D〔J〕をそれぞれ求めて，
$$\Delta U_{SD} = U_D - U_S = \frac{3}{2}p_1V_1 - \frac{3}{2}p_0V_0 = \frac{3}{2}(p_1V_1 - p_0V_0)$$
熱力学第一法則より，
$$Q_{SD} = \Delta U_{SD} + W_{SD}$$
ここで，S→Dは断熱変化なので，$Q_{SD} = 0$〔J〕である。よって，
$$W_{SD} = Q_{SD} - \Delta U_{SD} = 0 - \frac{3}{2}(p_1V_1 - p_0V_0) = \frac{3}{2}(p_0V_0 - p_1V_1) \text{〔J〕}$$

注 熱力学第一法則を考える上での，各状態変化の特徴をまとめておこう。

Po*int
定積変化 ⟶ 仕事$W = 0$
定圧変化 ⟶ 仕事$W = p\Delta V$
等温変化 ⟶ 内部エネルギー変化$\Delta U = 0$
断熱変化 ⟶ 熱量$Q = 0$

答 (1) $T_A = \dfrac{p_1}{p_0}T_0$〔K〕 $T_B = \dfrac{V_1}{V_0}T_0$〔K〕 $T_D = \dfrac{p_1V_1}{p_0V_0}T_0$〔K〕
(2) $T_B > T_C > T_D > T_A$　　(3) $Q_{SC} = W_{SC}$
(4) $W_{SD} = \dfrac{3}{2}(p_0V_0 - p_1V_1)$〔J〕

13. 熱力学第一法則　103

問題 50 熱力学第一法則 ③

次の文中の空欄にあてはまる式を記せ。

図のように，両端が閉じられた断面積 S [m²] のシリンダーがあり，内部はなめらかに移動できるピストンによって左右に仕切られている。ピストンの左の空間には $1\,\mathrm{mol}$ の

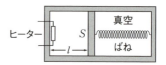

単原子分子理想気体が封じこめられ，加熱用のヒーターが備えられている。また，ピストンの右の空間は真空であり，ピストンがばね定数 k [N/m] のばねでシリンダーの右端につながっている。ピストンがシリンダーの左端に接しているとき，ばねは自然の長さになっているものとする。シリンダーとピストンは断熱材でできており，ヒーターの熱容量は無視できる。また，気体定数を R [J/(mol·K)] とする。はじめの状態では，ばねが l [m] だけ縮んだ位置でピストンがつりあっている。このとき，気体の圧力は (1) [Pa]，温度は (2) [K] と表すことができる。次に内部の気体にゆっくりとヒーターで熱を加えると，ばねはさらに $\dfrac{l}{2}$ [m] だけ縮んでつりあった。この状態で気体の圧力は (3) [Pa]，温度は (4) [K] になっている。この加熱過程で，気体の内部エネルギーの変化量は (5) [J]，気体がした仕事は (6) [J]，ヒーターから気体に加えられた熱量は (7) [J] である。

〈上智大〉

解説

(1) 気体によって押されているピストンに着目して圧力を求めよう。このとき，ばねは l [m] だけ縮んでいるので，気体の圧力を P_1 [Pa] として，ピストンにはたらく力のつり合いより，

$$P_1 S = kl \quad \text{よって，} \quad P_1 = \dfrac{kl}{S}\ [\mathrm{Pa}]$$

(2) 気体の温度を T_1 [K] として，状態方程式より，

$$P_1 S l = 1 \cdot R T_1 \quad \text{よって，} \quad T_1 = \dfrac{P_1 S l}{R} = \dfrac{kl}{S} \cdot \dfrac{Sl}{R} = \dfrac{kl^2}{R}\ [\mathrm{K}]$$

(3) (1)と同様に考えよう。このとき，ばねの縮みは $\dfrac{3}{2} l$ [m] になっているので，

気体の圧力を P_2〔Pa〕として，ピストンにはたらく力のつり合いより，

$$P_2 S = k \cdot \frac{3}{2}l \quad \text{よって，} \quad P_2 = \frac{3kl}{2S} \text{〔Pa〕}$$

(4) 気体の温度を T_2〔K〕として，状態方程式より，

$$P_2 S \cdot \frac{3}{2}l = 1 \cdot RT_2 \quad \text{よって，} \quad T_2 = \frac{3P_2 Sl}{2R} = \frac{3kl}{2S} \cdot \frac{3Sl}{2R} = \frac{9kl^2}{4R} \text{〔K〕}$$

(5) 単原子分子理想気体なので，気体の内部エネルギーの変化量 ΔU〔J〕は，

$$\Delta U = \frac{3}{2} \cdot 1 \cdot R \cdot (T_2 - T_1) = \frac{3}{2}R\left(\frac{9kl^2}{4R} - \frac{kl^2}{R}\right) = \frac{15}{8}kl^2 \text{〔J〕}$$

(6) 気体の圧力 p〔Pa〕を縦軸に，体積 V〔m³〕を横軸にとった p–Vグラフを描くと右図のようになる。

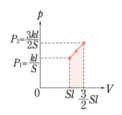

注 気体にゆっくりと熱を加えているので，ピストンもゆっくりと移動し，ピストンにはたらく力は常につり合っている。ばねの縮みを x〔m〕とすると，ピストンにはたらく力のつり合いより，$pS = kx$ となる。

また，$V = Sx$ の関係があるので，x を消去すると，$p = \dfrac{k}{S^2}V$ が得られる。これより，p–Vグラフが直線になることがわかる。

Point p–Vグラフ（圧力–体積グラフ）
グラフと V 軸の囲む面積は仕事の大きさに等しい。

気体がした仕事を W〔J〕とすると，上図のアミかけ部分の面積から，

$$W = \frac{1}{2}\left(\frac{3kl}{2S} + \frac{kl}{S}\right)\left(\frac{3}{2}Sl - Sl\right) = \frac{5}{8}kl^2 \text{〔J〕}$$

(7) 気体に加えられた熱量を Q〔J〕として，熱力学第一法則より，

$$Q = \Delta U + W = \frac{15}{8}kl^2 + \frac{5}{8}kl^2 = \frac{5}{2}kl^2 \text{〔J〕}$$

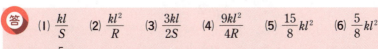

答 (1) $\dfrac{kl}{S}$ (2) $\dfrac{kl^2}{R}$ (3) $\dfrac{3kl}{2S}$ (4) $\dfrac{9kl^2}{4R}$ (5) $\dfrac{15}{8}kl^2$ (6) $\dfrac{5}{8}kl^2$ (7) $\dfrac{5}{2}kl^2$

気体の熱サイクル

単原子分子からなる理想気体1molを，図のように，矢印の経路に沿って状態A（圧力p_1[Pa]，体積V_1[m^3]）から状態B($3p_1$, V_1)，状態Bから状態C($3p_1$, $3V_1$)，状態Cから状態D(p_1, $3V_1$)，状態Dからもとの状態Aにゆっくり変化させた。

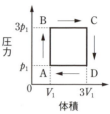

(1) A→B，B→C，C→D，D→Aのそれぞれの過程に対して，気体に外部から加えられる熱量を求めよ。

(2) A→B→C→D→Aの過程で，気体が外部に対してした正味の仕事を求めよ。

(3) 上記の過程を1サイクルとみなす熱機関を考える。この熱機関の効率を求めよ。

〈兵庫県立大〉

(1) A→Bでは，体積一定なので，気体が外部に対してした仕事は0である。熱力学第一法則より，外部から加えられる熱量Q_{AB}[J]は，内部エネルギーの変化ΔU_{AB}[J]に等しくなるので，

$$Q_{AB} = \Delta U_{AB} = \frac{3}{2} \cdot 3p_1 \cdot V_1 - \frac{3}{2} \cdot p_1 \cdot V_1 = 3p_1V_1 \text{[J]}$$

B→Cでは，圧力一定である。熱力学第一法則より，気体が外部に対してした仕事W_{BC}[J]と内部エネルギーの変化ΔU_{BC}[J]の和が，外部から加えられる熱量Q_{BC}[J]に等しいので，

$$Q_{BC} = \Delta U_{BC} + W_{BC} = \left(\frac{3}{2} \cdot 3p_1 \cdot 3V_1 - \frac{3}{2} \cdot 3p_1 \cdot V_1\right) + 3p_1(3V_1 - V_1)$$
$$= 9p_1V_1 + 6p_1V_1 = 15p_1V_1 \text{[J]}$$

C→Dでは，体積一定なので，気体が外部に対してした仕事は0である。A→Bと同様に考えて，外部から加えられる熱量Q_{CD}[J]は，内部エネルギーの変化ΔU_{CD}[J]に等しいので，

$$Q_{CD} = \Delta U_{CD} = \frac{3}{2} \cdot p_1 \cdot 3V_1 - \frac{3}{2} \cdot 3p_1 \cdot 3V_1 = -9p_1V_1 \text{[J]}$$

D→Aでは，圧力一定である。B→Cと同様に考えて，気体が外部に対してした仕事W_{DA}[J]と内部エネルギーの変化ΔU_{DA}[J]の和が，外部から加えられる熱量Q_{DA}[J]に等しいので，

$$Q_{DA} = \Delta U_{DA} + W_{DA} = \left(\frac{3}{2} \cdot p_1 \cdot V_1 - \frac{3}{2} \cdot p_1 \cdot 3V_1\right) + p_1(V_1 - 3V_1)$$
$$= (-3p_1V_1) + (-2p_1V_1) = -5p_1V_1 \text{[J]}$$

(2) 気体が外部に対してした仕事は，W_{BC}[J]とW_{DA}[J]である。よって，正味の仕事は，
$$W_{BC} + W_{DA} = 6p_1V_1 - 2p_1V_1 = 4p_1V_1 \text{[J]}$$

注 この仕事は，グラフで囲まれた図形（右図のアミかけ部分）の面積に等しい。また，仕事W_{BC}[J]は四角形BCFEの面積と，仕事W_{DA}[J]（の大きさ）は四角形DAEFの面積と等しい。

(3) 熱を仕事に，連続的に変える装置を**熱機関**という。熱機関の効率の定義は，次のとおりである。1サイクルで考える点に注意しよう。

公式　熱機関の効率（熱効率）e

$$e = \frac{W}{Q_1} = \frac{Q_1 - Q_2}{Q_1}$$

W[J]：外部にした正味の仕事
Q_1[J]：外部から加えられた熱量
Q_2[J]：外部へ捨てた熱量

(1)で求めた熱量のうち，正の符号になっているQ_{AB}[J]とQ_{BC}[J]が，実際に外部から加えられた熱量である。負の符号になっているQ_{CD}[J]とQ_{DA}[J]は，実際は外部へ捨てた熱量である。したがって，熱機関の効率eは，

$$e = \frac{W_{BC} + W_{DA}}{Q_{AB} + Q_{BC}} = \frac{4p_1V_1}{3p_1V_1 + 15p_1V_1} = \frac{2}{9}$$

(1) A→B：$3p_1V_1$[J]　　B→C：$15p_1V_1$[J]　　C→D：$-9p_1V_1$[J]
　　D→A：$-5p_1V_1$[J]
(2) $4p_1V_1$[J]　　(3) $\frac{2}{9}$

第3章 波 動

14. 波の性質

問題 52

波のグラフ

物理基礎

次の文中の空欄にあてはまる数値を，有効数字2桁で記せ。

振動数0.25Hzの正弦波が，x軸正の向きに進んでおり，時刻0sのときの波形は図1の実線で表される。媒質の変位y(m)を縦軸にとる。

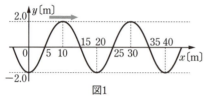

図1

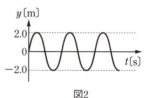

図2

(1) この波の周期は ア s で，波長は イ m である。
(2) この波の速さは ウ m/s である。

ある位置x_1(m)での媒質の変位y(m)と時刻t(s)の関係を，図2に示す。ただし，x_1は$0 \leq x_1 < 20$の範囲にあるとする。

(3) 図1と図2を合わせて考えると，この位置は，$x_1 =$ エ (m)である。

〈金沢工業大〉

解説 (1) (ア) 波を伝える物質を**媒質**といい，正弦波では，媒質はそれぞれの位置で単振動をしている。媒質の1秒あたりの振動の回数を**振動数**といい，1回の振動にかかる時間を**周期**という。周期と振動数には，次の関係がある。

公式 周期と振動数の関係

$$T = \frac{1}{f} \quad (T\text{(s)}：周期 \quad f\text{(Hz)}(=\text{(回/s)})：振動数)$$

振動数$f = 0.25$(Hz)なので，周期T(s)は，

$$T = \frac{1}{f} = \frac{1}{0.25} = 4.0\text{(s)}$$

(イ) 図1のy–xグラフからは，波の振幅と波長を読み取ることができる（右図）。振幅 $A = 2.0$〔m〕，波長 $\lambda = 20$〔m〕である。

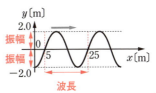

(2) (ウ) 波の速さ（波の山や谷の移動する速さ）と，振動数，波長の間には，次の関係がある。

> **公式** **波の基本式**
> $v = f\lambda$ （v〔m/s〕：速さ　　f〔Hz〕：振動数　　λ〔m〕：波長）

振動数 $f = 0.25$〔Hz〕，波長 $\lambda = 20$〔m〕なので，求める速さ v〔m/s〕は，
$v = f\lambda = 0.25 \times 20 = 5.0$〔m/s〕

(3) (エ) まず，図2から読み取れることを考えよう。$t = 0$〔s〕では $y = 0$〔m〕であり，次の瞬間には y 軸正の向き（上向き）に移動することがわかる。図1は $t = 0$〔s〕の波形であり，このとき，$y = 0$〔m〕にあるのは，$x = 5, 15$〔m〕（$0 \leq x_1 < 20$）の媒質である。

> **Point**
> 媒質の動きは，y–x グラフに，少しだけ進んだ波形を描き足して調べる。

図1に少しだけ進んだ波形を描き足すと，$x = 5$〔m〕では媒質が下向きに，$x = 15$〔m〕では媒質が上向きに移動していることがわかる。つまり，図2が示しているのは $x = x_1 = 15$〔m〕の媒質の動きである。

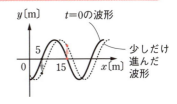

答　(1) (ア) 4.0　(イ) 20　(2) (ウ) 5.0　(3) (エ) 15

14. 波の性質　109

問題 53 縦波

物理基礎

図は x 軸正の向きに伝わる縦波について，ある時刻の媒質の変位を，横波のように表している。ただし，x 軸正の向きへの媒質の変位を，y 軸正の向きにとってある。

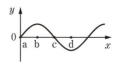

(1) 媒質が最も疎な位置は点a〜dのどこか。
(2) 媒質が最も密な位置は点a〜dのどこか。
(3) 媒質の振動の速さが0の位置は点a〜dのどこか。
(4) 媒質の振動の速さが右向きに最大の位置は点a〜dのどこか。

〈千葉工業大〉

解説

波には**横波**と**縦波**の2種類があり，媒質の振動する方向が異なる。横波は波の進行方向に対して媒質が垂直な方向に振動する。一方，**縦波は媒質の振動方向が波の進行方向と同じ（平行）**になっている。縦波は**疎密波**ともよばれる。

縦波のグラフは，次のように描く。

> **Point** 縦波の横波表示
>
> 縦波のグラフは，媒質の変位を反時計まわりに90°回転させて，x 軸方向の変位を y 軸方向の変位として，横波のように描く。

《縦波の横波表示》

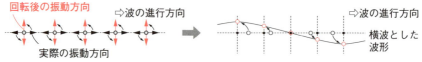

媒質の変位を反時計まわりに90°回転させると，x 軸正の向き（右向き）の変位は y 軸正の向き（上向き）の変位に，x 軸負の向き（左向き）の変位は y 軸負の向き（下向き）の変位になる。

(1) 媒質はそれぞれ，隣り合う媒質と少しずつずれながら，単振動をしている。そのため，縦波では媒質の間隔が狭くなるところ（密な位置）と，間隔が広がるところ（疎な位置）が生じる。

縦波を横波表示したy–xグラフから，ある瞬間の密な位置と疎な位置がわかる。媒質の実際の移動方向を，矢印で示してみよう。

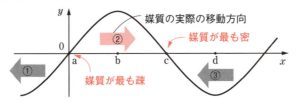

点aの左側にもグラフを延長すると，媒質は，点aの左側でx軸負の向きへ（矢印①），右側でx軸正の向きへ（矢印②）移動していることがわかる。よって，点aは，媒質が最も疎な位置である。

(2) (1)の図より，媒質は，点cの左側でx軸正の向きへ（矢印②），右側でx軸負の向きへ（矢印③）移動していることがわかる。よって，点cは，媒質が最も密な位置である。

(3) 問題文には明記されていないが，この波を正弦波とみなそう。正弦波では，媒質は単振動をするが，ここで単振動の特徴を確認しておこう。

Point
波の山・谷の位置（振動の端） ⟶ 媒質の単振動の速さ0
変位0の位置（振動の中心） ⟶ 媒質の単振動の速さ最大

縦波で媒質の振動の速さが0の位置は，横波表示されたグラフでも，媒質の振動の速さが0の位置である。よって，波の山である点bと谷である点dである。

(4) 縦波で媒質の振動の速さが右向き（x軸正の向き）に最大の位置は，横波表示されたグラフでは媒質の振動の速さが上向き（y軸正の向き）に最大の位置である。速さが最大の位置は点aと点cであり，**問題52**と同じように，少しだけ進んだ波形を描き足して調べると，上向きに速度をもつのは点cである。

答 (1) 点a (2) 点c (3) 点bと点d (4) 点c

定常波

物理基礎

正弦波AおよびBがある。正弦波Aは媒質中に定められたx軸上を，正の向きへ速さ$v = 1$ [m/s]で進む波であり，正弦波Bは負の向きへ速さ$v = 1$ [m/s]で進む波である。図1は正弦波Aの，図2は正弦波Bの時刻$t = 0$ [s]における位置x [m]と変位y [m]との関係の一部を表したものである。正弦波Aと正弦波Bの合成波について考える。

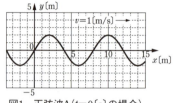

図1　正弦波A ($t=0$ [s]の場合)　　　図2　正弦波B ($t=0$ [s]の場合)

(1) 時刻$t = 0$ [s]における位置x [m]と合成波の変位y [m]との関係を表すグラフを図①に記入せよ。

(2) 時刻$t = 1$ [s]における位置x [m]と合成波の変位y [m]との関係を表すグラフを図②に記入せよ。

(3) 時刻$t = 2$ [s]における位置x [m]と合成波の変位y [m]との関係を表すグラフを図③に記入せよ。

(4) このような特徴をもつ合成波は，一般に定常波とよばれている。腹の位置と節の位置を$x = 0$ [m]から$x = 10$ [m]までの範囲ですべて求めよ。

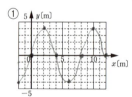
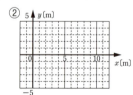
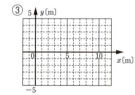

〈秋田大〉

2つの波が同じ位置にきたとき，媒質の変位は，それぞれの波の変位を足し合わせたものになる。これを**波の重ね合わせの原理**といい，重ね合わせた(足し合わせた)変位による波を**合成波**という。

(1) それぞれの位置における2つの波の変位を重ね合わせればよい（右図①）。

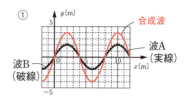

(2) 2つの波が重なると合成波を生じるが，もとの波はそれぞれの波形のまま進んでいる。これを**波の独立性**という。波Aと波Bの速さはともに1m/sなので，$t=1$〔s〕における合成波は，波Aと波Bをそれぞれ1m進めた波形を描き，重ね合わせればよい（右図②）。

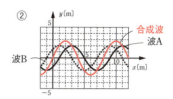

(3) (2)と同様に，波Aと波Bをさらに1m進めて描けばよい（右図③）。

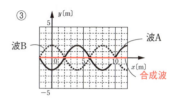

(4) 図①→②→③は，合成波の時間変化を示している。例えば，$x=0$〔m〕の合成波の変位はつねに$y=0$〔m〕になっており，まるで振動していないことがわかる。また，$x=2$〔m〕の合成波の変位は，$y=4$〔m〕から$y=-4$〔m〕まで大きく振動することがわかる。この合成波のように，まるで振動しない点と大きく振動する点が交互に並ぶ波を**定常波**とよぶ。まるで振動しない点を**節**，大きく振動する点を**腹**という。よっ

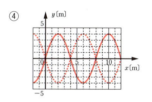

て，腹の位置は$x=2$, 6, 10〔m〕，節の位置は$x=0$, 4, 8〔m〕である。ふつう，定常波の波形は，上図④のように，最大変位のようすで描く。

Point 定常波

振幅・波長の等しい波が逆向きに進んで重なると，定常波を生じる。
定常波の波長 ──→ もとの波の波長と同じ
腹の振幅 ──→ もとの波の振幅の2倍

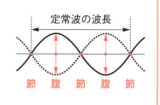

答 (1) 解説中の図　(2) 解説中の図　(3) 解説中の図
(4) 腹：$x=2$, 6, 10〔m〕　節：$x=0$, 4, 8〔m〕

問題 55 波の反射（自由端反射） 〔物理基礎〕

固定された反射板による波の反射を考える。図は，波の進行方向をx軸として，時刻$t = 0$[s]における入射波を示したものである。入射波は正弦曲線で表され，波の周期をT[s]とする。また，波は反射板で自由端反射されるものとする。

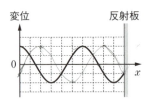

(1) 図に示された入射波に対する反射波の波形を，図に描け。ただし，このとき反射波はすでに十分に遠方まで進行しているものとする。

(2) 図の状態から時間が経過して，入射波と反射波の合成波の変位がどのxについても0となる最初の時刻を求めよ。

(3) 合成波の変位がどのxでも0となる状態は，一定の時間間隔で繰り返される。図の状態から数えて，合成波の変位がどのxでも0となるn回目の時刻を求めよ。

〈静岡大〉

波が反射するとき，**振幅，波長，速さなどは変化せず，向きを変える**。そのため，入射波と反射波が重なり合い，**定常波**を生じる。また，反射には**自由端反射**と**固定端反射**があり，どちらも定常波を生じるが，次のような違いがある。

Point 自由端反射と固定端反射

自由端：同じ向きの変位の反射波をつくる（反射波は同位相のまま）
　　　　→ 定常波の腹になる
固定端：逆向きの変位の反射波をつくる（反射波は逆位相になる）
　　　　→ 定常波の節になる

位相とは，媒質の振動状態を表し，正確には三角関数（sinまたはcos）で表された式の角度を意味する。「逆位相になる」というのは，例えば，入射波の山が反射波では谷になることを表し，「位相がπ[rad]だけ変化する」と表現することもある。

(1) 自由端反射の反射波は，次の手順で作図すればよい。

> **Point** 自由端反射の作図方法
> (i) 入射波を延長した，透過波を描く。
> (ii) 自由端を軸に，(i)を線対称に折り返す。

このPointにしたがって反射波を作図すると，下図のようになる。

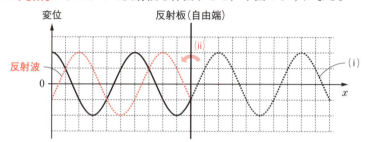

(2) 入射波と反射波の合成波は定常波であり，自由端は定常波の腹となる。この定常波の**腹の変位が0になったとき，どのxについても変位が0になる**。自由端では入射波の変位と反射波の変位がつねに同じになっているので，自由端での入射波の変位が0になれば合成波の変位も0になる。そこで，最初に自由端での入射波の変位が0になる時刻を求めよう。

入射波の波長は，右図より6目盛りである。右図の状態から2.5目盛りだけ進めば，自由端での変位は0になる。**波の周期＝波が1波長進むのにかかる時間**なので，求める時刻は，

$$t = \frac{2.5}{6}T = \frac{5}{12}T \, [\text{s}]$$

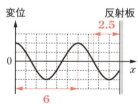

(3) 1回目は(2)で求めたように，$t = \frac{5}{12}T \, [\text{s}]$である。この後は$\frac{T}{2} \, [\text{s}]$ごとに自由端での入射波の変位が0になるので，求める時刻は，

$$t = \frac{5}{12}T + (n-1)\cdot\frac{T}{2} = \frac{6n-1}{12}T \, [\text{s}]$$

 (1) 解説中の図　(2) $\frac{5}{12}T \, [\text{s}]$　(3) $\frac{6n-1}{12}T \, [\text{s}]$

問題 56 波の反射（固定端反射） 物理基礎

振幅 A [m]，波長 λ [m] の波が x 軸負の向きに速さ v [m/s] で進んでいる。図は時刻 $t=0$ [s] におけるこの波の形を描いたものである。$x=0$ [m] の位置には波を完全に反射する壁が置かれている。ただし，波はこの壁で固定端反射する。

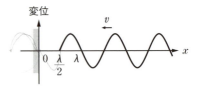

(1) $t=\dfrac{\lambda}{v}$ [s] における合成波の波形を選べ。

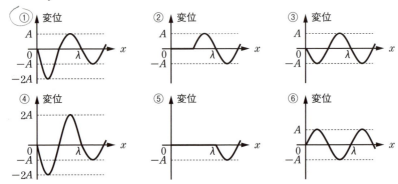

(2) しばらくすると，壁の近くに定常波が生じた。このとき，隣り合う節（変位がつねに0となる点）の間隔を求めよ。

〈日本大〉

(1) 固定端反射の反射波は，次の手順で作図すればよい。

Point　固定端反射の作図方法
(i) 入射波を延長した，透過波を描く。
(ii) (i)を上下反転させる。
(iii) 固定端を軸に，(ii)を線対称に折り返す。

$t=\dfrac{\lambda}{v}$ [s] までに，波の進む距離は，$vt=v\cdot\dfrac{\lambda}{v}=\lambda$ [m] であり，ちょうど1波長である。このことは，波の基本式と，周期 T [s] と振動数 f [Hz] の関

116

係からも示すことができる。

$$t = \frac{\lambda}{v} = \frac{1}{f} = T$$

すなわち，$t = \frac{\lambda}{v}$〔s〕はちょうど1周期であり，波の進む距離はちょうど1波長（λ〔m〕）であることがわかる。

波の先端は，$t = 0$〔s〕で$x = \frac{\lambda}{2}$〔m〕にあるので，$t = \frac{\lambda}{v}$〔s〕では反射した後に$x = \frac{\lambda}{2}$〔m〕まで到達していることがわかる。$t = \frac{\lambda}{v}$〔s〕の入射波を描き，**Point**にしたがって反射波を作図すると，下図のようになる。

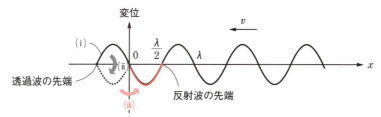

よって，合成した波形は，選択肢①になる。

(2) しばらくすると，反射波は十分に進み，節と腹が交互に並ぶ定常波が生じる。固定端は定常波の節となり，定常波を描くと，下図のようになる。

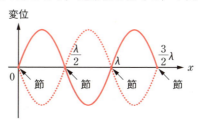

定常波の隣り合う節の間隔は$\frac{\lambda}{2}$〔m〕である。

答 (1) ①　(2) $\frac{\lambda}{2}$〔m〕

問題 57 水面波の干渉

次の文中の空欄にあてはまる語句, 記号または数値を記せ。

水面上で6.0cm離れた2点A, Bにある波源から, 波長2.0cm, 振幅0.50cmの同位相の波を発生し続ける。ただし, 波は広がってもその振幅は変わらないものとする。2つの波はそれぞれの波源を中心に円形に広がり, 水面の媒質の各点の変位は, 波源A, Bからの波の変位を足し合わせた変位になる。このように, 2つの波が重なり合い, 強め合ったり弱め合ったりする現象を, 波の ⎡(1)⎤ という。図は, ある時刻における, 波源A, Bから広がるそれぞれの波の山の波面(実線)と谷の波面(破線)を示している。この場合, 図中の点P, Q, R, Sのうち振幅が最も大きくなる2点は ⎡(2)⎤ であり, その振幅は ⎡(3)⎤ cmである。また, 振幅が最も小さくなる点は ⎡(4)⎤ であり, その振幅は ⎡(5)⎤ cmである。2つの波源からの波が互いに弱め合う点を連ねた曲線は, 点A, Bの間には ⎡(6)⎤ 本ある。

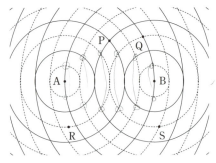

〈千葉工業大〉

解説

(1) 波源A, Bから広がっていく2つの波が重なり合い, 強め合ったり弱め合ったりする現象を, 波の**干渉**という。波が強め合う点や弱め合う点は, 2つの波源からの距離の差(経路差)によって決まる。

公式 波の干渉条件(同位相の波源の場合)

強め合う条件: $|l_1 - l_2| = m\lambda$

弱め合う条件: $|l_1 - l_2| = \left(m + \dfrac{1}{2}\right)\lambda$

(l_1, l_2 (m):波源からの距離 λ (m):波長
m:整数 ($m = 0, 1, 2, \cdots$))

※ 逆位相の波源の場合は, 強め合う条件と弱め合う条件が逆になる。

(2) 問題図の瞬間，波源A，Bは波の山になっている。波長を$\lambda (= 2.0 \text{[cm]})$とすると，点P，Q，R，Sにおける経路差は，
　　　点P：$AP - BP = 2\lambda - 2\lambda = 0$
　　　点Q：$AQ - BQ = 3\lambda - 1.5\lambda = 1.5\lambda$
　　　点R：$AR - BR = 1.5\lambda - 3.25\lambda = -1.75\lambda$
　　　点S：$AS - BS = 3.5\lambda - 1.5\lambda = 2\lambda$
　振幅が最も大きくなる点は，波が強め合う点であり，経路差が0または波長の整数倍の点である。よって，点Pと点Sである。

(3) 強め合う点では，振幅は2倍になるので，
$$0.50 \times 2 = 1.0 \text{[cm]}$$

(4) 振幅が最も小さくなる点は，波が弱め合う点であり，経路差が波長の半整数倍の点である。よって，点Qである。

(5) 弱め合う点では，2つの波がつねに打ち消し合うので，振幅は0cmである。
　 点Rは，強め合う点でも，弱め合う点でもない。

(6) まずは，次のことをおさえておこう。

> **Point**
> 波の干渉では，ある瞬間に波の山と山，谷と谷が重なる点は強め合う点になり，波の山と谷が重なる点は弱め合う点になる。

　波が強め合う点を連ねた曲線を**腹線**，弱め合う点を連ねた曲線を**節線**という。波の山と山，谷と谷が重なる点は強め合う点であり，腹線は右図の太実線のようになる。また，波の山と谷が重なる点は弱め合う点であり，節線は太破線のようになる。右図より，点A，Bの間には節線は6本ある。

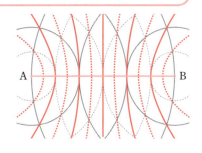

答 (1) 干渉　(2) 点P，S　(3) 1.0　(4) 点Q　(5) 0　(6) 6

14. 波の性質

15. 共振・共鳴

弦の共振

物理基礎

図のように，長さ1mあたり質量1.0gの弦の端Aをおんさに付け，コマB，なめらかな滑車Cを経ておもりをつり下げた。おんさを振動させながら，おもりの質量を少しずつ減らしたところ，質量が4.0kgになったときAB間に基本振動が生じた。AB間の長さを0.40m，重力加速度の大きさを10m/s²とする。有効数字2桁で答えよ。ただし，弦を伝わる波の速さは，弦の張力の大きさをT〔N〕，弦の線密度をρ〔kg/m〕としたとき，$\sqrt{\dfrac{T}{\rho}}$〔m/s〕で表される。

(1) この弦の基本振動の波長を求めよ。
(2) 弦の張力の大きさおよび弦を伝わる波の速さを求めよ。
(3) おんさの振動数を求めよ。
(4) おもりの質量を4.0kgからさらに少しずつ減らすことで，次の固有振動が生じた。そのときのおもりの質量を求めよ。

〈電気通信大〉

弦を振動させることで発生した波は，両端で固定端反射をする。そのため，弦には定常波が生じる。この定常波による振動を**弦の固有振動**という。

> **Point** 弦の共振
> 弦に生じる定常波は，両端が節になる。

(1) 最も波長の長い定常波が生じる固有振動を**基本振動**といい，右図のようになる。AB間には腹が1つあり，これは定常波の半波長にあたる。よって，基本振動の波長λ_1〔m〕は，AB間の長さの2倍なので，
$$\lambda_1 = 0.40 \times 2 = 0.80 \text{〔m〕}$$

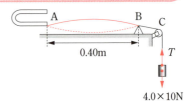

(2) 弦の張力の大きさ T〔N〕は，おもりにはたらく力のつり合いから，
$$T = 4.0 \times 10 \quad \text{よって，} \quad T = 40 \text{〔N〕}$$
線密度 $\rho = 1.0$〔g/m〕$= 1.0 \times 10^{-3}$〔kg/m〕なので，弦を伝わる波の速さ v_1〔m/s〕は，
$$v_1 = \sqrt{\frac{T}{\rho}} = \sqrt{\frac{40}{1.0 \times 10^{-3}}} = 200 = 2.0 \times 10^2 \text{〔m/s〕}$$

(3) おんさの振動数 f〔Hz〕は，弦を伝わる波の振動数と等しい。波の基本式 $v = f\lambda$ を用いて，
$$f = \frac{v_1}{\lambda_1} = \frac{200}{0.80} = 250 = 2.5 \times 10^2 \text{〔Hz〕}$$

(4) おもりの質量が変化しても，**弦の振動数はおんさによって決められる**ので，弦の振動数は変化しない。おもりの質量が小さくなると弦の張力も小さくなり，弦を伝わる波の速さも小さくなる。波の基本式 $v = f\lambda$ より，f が一定のとき，v と λ は比例するので，弦を伝わる波の速さが小さくなると波長も小さくなる。波長が小さくなると，AB間に生じる腹の数が増える。

次の固有振動は，腹が2つの2倍振動になり，AB間の長さが定常波の波長 $\lambda_2 = 0.40$〔m〕になることがわかる（右図）。2倍振動の

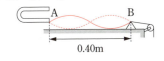

ときのおもりの質量を m'〔kg〕とすると，張力の大きさは $T' = m' \times 10$〔N〕になるので，弦を伝わる波の速さ v_2〔m/s〕は，
$$v_2 = \sqrt{\frac{T'}{\rho}} = \sqrt{\frac{m' \times 10}{1.0 \times 10^{-3}}}$$
振動数は $f = 2.5 \times 10^2$〔Hz〕のままなので，波の基本式 $v = f\lambda$ を用いて，$v_2 = f\lambda_2$ より，
$$\sqrt{\frac{m' \times 10}{1.0 \times 10^{-3}}} = 2.5 \times 10^2 \times 0.40$$
よって，　$m' = 1.0$〔kg〕

　(1) 0.80 m　(2) 張力：40 N　速さ：2.0×10^2 m/s
(3) 2.5×10^2 Hz　(4) 1.0 kg

気柱の共鳴

物理基礎

図のように,ピストンのついた管が空気中にある。管口にスピーカーを置いて音を出し,ピストンを管口部の位置から右に引いていくと,管口から $L_1 = 19.0$ (cm)で初めの共鳴が生じ, $L_2 = 59.0$ (cm)で2番目の共鳴が生じた。音速は336 (m/s)である。(1)(2)(4)は有効数字3桁で,(3)は有効数字2桁で答えよ。

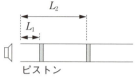

(1) ピストンが L_1 (cm)の位置にあるとき,管内で空気の疎密の変動が最も大きくなる点の,管口からの距離 (cm)はいくらか。
(2) スピーカーから出る音の振動数 (Hz)と波長 (cm)を求めよ。
(3) 開口端補正 (cm)を求めよ。
(4) ピストンを L_2 (cm)の位置に移動し,音の振動数を最初の状態から上げていく。次に共鳴が生じるときの音の振動数 (Hz)を求めよ。

〈京都府立大〉

気柱に音波を送り込むと,ピストンなどで閉じている端(閉口端)では固定端反射をし,管口のように開いている端(開口端)では自由端反射をする。気柱に生じる音波の定常波について,次のことがいえる。

> **Point** 気柱の共鳴
> 気柱に生じる音波の定常波は,開口端が腹,閉口端が節になる。

(1) 音波は縦波なので,媒質(空気)が疎になったり密になったりする。縦波の定常波では,節の位置の媒質は振動せずに,節の左右の媒質は互いに逆向きに振動している。そのため,節では媒質が最も疎な状態と最も密な状態を繰り返す。

> **Point**
> 縦波の定常波では,節の位置で密度変化が最大,腹の位置で密度変化が最小になる。

次ページの図中の点aにピストンがあるとき,管内にできる定常波は,節が1つの基本振動である。求める点は節であり,節はピストンの位置(点a)

なので，求める距離は $L_1 = 19.0$〔cm〕になる。

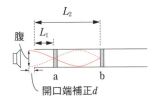

(2) 開口端は定常波の腹になるが，実際には腹の位置は開口端よりもわずかに外にあり，このずれを**開口端補正**という。そのため，L_1〔cm〕は定常波の $\frac{1}{4}$ 波長にはなっていない。(1)の図中の点bにピストンがあるとき，節が2つの定常波ができていて，管口から L_2〔cm〕の位置は節であるから，ab間の距離 $L_2 - L_1$〔cm〕は定常波の半波長になっている。よって，波長 λ_1〔cm〕は，

$$\lambda_1 = (L_2 - L_1) \times 2 = (59.0 - 19.0) \times 2 = 80.0 \text{〔cm〕} = 0.800 \text{〔m〕}$$

また，振動数 f_1〔Hz〕は，音速 $v = 336$〔m/s〕から，

$$f_1 = \frac{v}{\lambda_1} = \frac{336}{0.800} = 420 \text{〔Hz〕}$$

注 気柱や弦の問題では，長さをcmで表すことが多いが，単位をそろえて計算すること！

(3) (1)の図より，開口端補正 d〔cm〕は，

$$d = \frac{1}{4}\lambda_1 - L_1 = \frac{1}{4} \times 80.0 - 19.0 = 1.0 \text{〔cm〕}$$

(4) 音の振動数が大きくなると，音速は一定なので，波の基本式 $v = f\lambda$ より，波長は小さくなることがわかる。最初，ピストンが(1)の図中の点bにあるとき，定常波の節は2つある。波長が小さくなると節の数が増えるので，次に共鳴が生じるときは，節が3つの定常波ができる（右上図）。よって，波長 λ_2〔cm〕は，

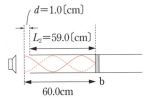

$$\lambda_2 = \frac{4}{5} \times 60.0 = 48.0 \text{〔cm〕} = 0.480 \text{〔m〕}$$

このときの振動数 f_2〔Hz〕は，音速 $v = 336$〔m/s〕から，

$$f_2 = \frac{v}{\lambda_2} = \frac{336}{0.480} = 700 \text{〔Hz〕}$$

答 (1) 19.0 cm　(2) 振動数：420 Hz　波長：80.0 cm　(3) 1.0 cm
(4) 700 Hz

16. ドップラー効果

ドップラー効果 ①　　　物理

次の文中の空欄にあてはまる語句または式を記せ。

音源や観測者が動くことによって，音源が出している振動数とは異なった振動数の音が観測される現象を ⎣(1)⎦ という。いま観測者は静止していて，音源が観測者と結ぶ直線上を，速さ u [m/s]で，振動数 f [Hz]の音を発しながら観測者に近づいている。空気中の音速を V [m/s]とするとき，ある時刻に音源を出た音波は1秒後には観測者に向かって ⎣(2)⎦ [m]の距離だけ進む。一方，音源はその間に観測者に向かって ⎣(3)⎦ [m]の距離だけ進むから，距離 ⎣(4)⎦ [m]の間に f 個の波が入っていることになる。したがって，音波の波長は ⎣(5)⎦ [m]となる。この音波は観測者の耳の近くを ⎣(6)⎦ [m/s]の速さで通過するので，観測者の聞く音波の振動数は ⎣(7)⎦ [Hz]である。よって音源が観測者に近づく場合，音は ⎣(8)⎦ く聞こえ，遠ざかる場合は ⎣(9)⎦ く聞こえる。ただし，$u < V$ とする。

〈九州産業大〉

(1) 音源や観測者が動くことで，次のような変化が生じる。

Point
音源が動く ⟶ 音源から出た音波の波長が変化する。
観測者が動く ⟶ 観測者にとっての音速が変化する。

このため，**観測者に到達する音波は，音源が出している振動数とは異なる振動数で観測される**。この現象を**ドップラー効果**という。

(2) **音源から出された音波は，音源の運動とは無関係に進む。** よって，音速 V [m/s]の音波は，1秒後には距離 V [m]だけ進む。

(3) 音源の速さは u [m/s]なので，1秒後には距離 u [m]だけ進む。

(4) 1秒間に出されたf個の波を図示すると，右図のようになる。よって，$V-u$〔m〕の長さの中にf個の波が入っていることがわかる。

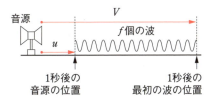

(5) 波長は波1個あたりの長さなので，求める波長λ〔m〕は，(4)の図より，

$$\lambda = \frac{V-u}{f} \text{〔m〕}$$

(6) 音源が動くことで波長が変化しても，**音速は音源の運動では変化しない**。よって，観測者には音波は速さV〔m/s〕のまま進んでいく。

(7) 観測者にとっては，音波の速さはV〔m/s〕，波長はλ〔m〕である。よって，観測される振動数f'〔Hz〕は，

$$f' = \frac{V}{\lambda} = \frac{V}{V-u}f \text{〔Hz〕}$$

(8) **振動数が大きいと音は高く，振動数が小さいと音は低く聞こえる**。音源が速さu〔m/s〕で近づく場合，観測者は(7)の振動数f'〔Hz〕の音波を観測し，$f' > f$なので，音は高く聞こえる。

(9) 音源が速さu〔m/s〕で遠ざかる場合，右図のように，$V+u$〔m〕の長さの中にf個の波が入っている。波長λ''〔m〕は，

$$\lambda'' = \frac{V+u}{f} \text{〔m〕}$$

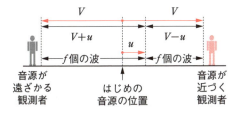

よって，観測される振動数f''〔Hz〕は，

$$f'' = \frac{V}{\lambda''} = \frac{V}{V+u}f \text{〔Hz〕}$$

したがって，$f'' < f$なので，音は低く聞こえる。

答 (1) ドップラー効果　(2) V　(3) u　(4) $V-u$　(5) $\dfrac{V-u}{f}$

(6) V　(7) $\dfrac{V}{V-u}f$　(8) 高　(9) 低

問題 61 ドップラー効果 ②

物理

図のように，振動数 f [Hz] の音源 S の左側に反射板 R があり，右側に観測者 O がいる。音速を V [m/s] とし，音源 S から観測者 O の向きを正の向きとする。

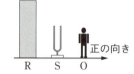

(1) 観測者 O と反射板 R が静止し，音源 S が速さ u [m/s] ($u < V$) で正の向きに移動する。
　(ア) 観測者 O が聞く音源 S からの直接音の振動数 f' [Hz] を求めよ。
　(イ) 観測者 O が聞く反射板 R からの反射音の振動数 f'' [Hz] を求めよ。
　(ウ) このとき，1 秒間に発生するうなりの回数はいくらか。
(2) 音源 S と観測者 O が静止し，反射板 R が速さ w [m/s] ($w < V$) で正の向きに移動する。観測者 O が聞く反射板 R からの反射音の振動数 f_R [Hz] を求めよ。

〈奈良女子大〉

 解説

音源や観測者が動くと，音源の振動数 f [Hz] とは異なる振動数 f' [Hz] の音を観測者は聞く。音速を V [m/s]，**音の伝わる向きを正**として，音源の速度を v_S [m/s]，観測者の速度を v_O [m/s] とすると，次の関係がある。

公式　ドップラー効果の公式

$$f' = \frac{V - v_O}{V - v_S} f$$

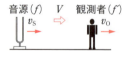

(1) (ア) 音源 S は速さ u [m/s] で音の伝わる向きに動いていて，観測者 O は静止しているので，

$$f' = \frac{V - 0}{V - u} f = \frac{V}{V - u} f \text{ [Hz]}$$

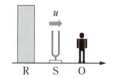

(イ) まず，音源 S から反射板 R に向かう音を考える。ドップラー効果では，壁などの反射板は，次のように扱う。

> **Point**
> 反射板は，観測者として受けた音の振動数を，音源として送り返す。

音源Sは速さu〔m/s〕で音の伝わる向きと逆に動いていて，観測者である反射板Rは静止しているので，反射板Rが受ける音の振動数f''〔Hz〕は，

$$f'' = \frac{V-0}{V-(-u)}f = \frac{V}{V+u}f \text{〔Hz〕}$$

次に，反射板Rから観測者Oに向かう音を考える。音源である反射板Rと，観測者Oはともに静止しているので，観測者Oが聞く反射板Rからの反射音の振動数は，これと同じf''〔Hz〕である。

(ウ) 振動数がわずかに異なる2つの音を同時に聞くと，**うなり**が発生する。

> **公式** 1秒あたりのうなりの回数n〔回/s〕(=〔Hz〕)
> $$n = |f_1 - f_2|$$
> (f_1, f_2〔Hz〕：2つの音の振動数)

観測者Oは振動数f'〔Hz〕の直接音と，f''〔Hz〕の反射音の2つの音を同時に聞く。$f' > f''$なので，1秒間に発生するうなりの回数n〔回/s〕は，

$$n = f' - f'' = \frac{V}{V-u}f - \frac{V}{V+u}f = \frac{2Vu}{V^2 - u^2}f \text{〔回/s〕}$$

(2) まず，音源Sは静止し，観測者である反射板Rは速さw〔m/s〕で音の伝わる向きと逆に動いているので，反射板Rが受ける音の振動数f_R'〔Hz〕は，

$$f_R' = \frac{V-(-w)}{V-0}f = \frac{V+w}{V}f \text{〔Hz〕}$$

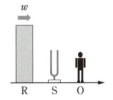

次に，f_R'〔Hz〕の音源である反射板Rは速さw〔m/s〕で音の伝わる向きに動いていて，観測者Oは静止しているので，観測者Oが聞く反射板Rからの反射音の振動数f_R〔Hz〕は，

$$f_R = \frac{V-0}{V-w}f_R' = \frac{V}{V-w} \cdot \frac{V+w}{V}f = \frac{V+w}{V-w}f \text{〔Hz〕}$$

> **答** (1) (ア) $f' = \dfrac{V}{V-u}f$〔Hz〕 (イ) $f'' = \dfrac{V}{V+u}f$〔Hz〕
> (ウ) $\dfrac{2Vu}{V^2-u^2}f$〔回/s〕 (2) $f_R = \dfrac{V+w}{V-w}f$〔Hz〕

17. 光の屈折

問題 62 屈折の法則 ①

次の文中の空欄にあてはまる式を記せ。

図のように、波が2つの異なる媒質Ⅰ、Ⅱの境界面に、媒質Ⅰから斜めに入射して媒質Ⅱに進行するとき、媒質Ⅰと媒質Ⅱでは波の速さが違うために屈折が生じる。いま、媒質Ⅰと媒質Ⅱにおける波の速さをそれぞれ v_1, v_2 [m/s] とする。波面 A_1B_1 上の点 A_1 が点 A_2 に達するまでの時間を t [s] とする

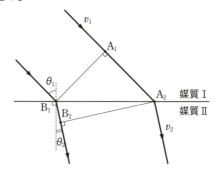

と、A_1 と A_2 の間の距離 A_1A_2 は [(1)] [m] で表される。入射波の波面 A_1B_1 が、時間 t [s] の後には屈折波の波面 A_2B_2 になっているので、距離 B_1B_2 は [(2)] [m] で表される。入射角を θ_1、屈折角を θ_2 とすると、$\angle A_1B_1A_2$ は [(3)]、$\angle B_2A_2B_1$ は [(4)] と表されるので $A_1A_2 =$ [(5)] $\cdot B_1A_2$, $B_1B_2 =$ [(6)] $\cdot B_1A_2$ となる。これらから、波の速さと入射角および屈折角の間の関係 [(7)] $= \dfrac{v_1}{v_2}$ が導かれる。

〈千葉工業大〉

 解説

(1) 媒質Ⅰにおける波の速さは v_1 [m/s] なので、時間 t [s] の間に距離 v_1t [m] だけ進む。距離 A_1A_2 は v_1t [m] と表される。

(2) 問題図の矢印は波の進む向きを示しており、このような矢印を**射線**という。射線に垂直な線分 A_1B_1 や線分 A_2B_2 は、同位相の点(同じ振動状態の点)を連ねた**波面**を示している。

> **Point**
> 射線(波の進む向きを示す矢印)と波面は垂直になる。

波が距離 A_1A_2 を進む時間と距離 B_1B_2 を進む時間はともに t [s] である。B_1B_2 は媒質Ⅱ中なので、波の速さは v_2 [m/s] を用いて、距離 B_1B_2 は v_2t [m] と表される。

(3) 境界面の法線と，入射波の進む向きがなす角を**入射角**，屈折波の進む向きがなす角を**屈折角**という。直角になっている関係に着目すると(右図)，∠CB_1A_1 = $90° - \theta_1$ なので，

$$\angle A_1B_1A_2 = 90° - \angle CB_1A_1$$
$$= 90° - (90° - \theta_1)$$
$$= \theta_1$$

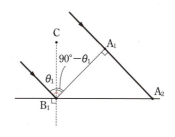

(4) (3)と同様に，直角になっている関係に着目すると(右図)，∠$A_2B_1B_2 = 90° - \theta_2$，また，△$B_2A_2B_1$ は直角三角形なので，

$$\angle B_2A_2B_1 = 90° - \angle A_2B_1B_2$$
$$= 90° - (90° - \theta_2)$$
$$= \theta_2$$

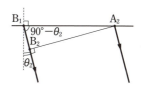

(5) △$A_1B_1A_2$ は B_1A_2 を斜辺とする直角三角形なので(右図)，
$$A_1A_2 = B_1A_2 \sin\theta_1$$

(6) △$B_2A_2B_1$ は B_1A_2 を斜辺とする直角三角形なので(右図)，
$$B_1B_2 = B_1A_2 \sin\theta_2$$

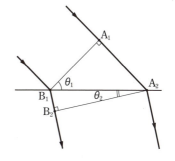

(7) (5)，(6)より，
$$\frac{A_1A_2}{B_1B_2} = \frac{B_1A_2 \sin\theta_1}{B_1A_2 \sin\theta_2} = \frac{\sin\theta_1}{\sin\theta_2}$$

(1)，(2)の結果を代入すると，
$$\frac{v_1 t}{v_2 t} = \frac{\sin\theta_1}{\sin\theta_2} \quad \text{よって，} \quad \frac{\sin\theta_1}{\sin\theta_2} = \frac{v_1}{v_2}$$

答 (1) $v_1 t$　(2) $v_2 t$　(3) θ_1　(4) θ_2　(5) $\sin\theta_1$　(6) $\sin\theta_2$
(7) $\dfrac{\sin\theta_1}{\sin\theta_2}$

第3章 波動

17. 光の屈折

問題 63 屈折の法則 ②

図は，正弦波が媒質Ⅰから入射し媒質Ⅱへ屈折して進んでいくようすを示している．矢印の付いた直線は波の進行方向を示し，それぞれの媒質における波面に垂直である．入射波の振動数は 10〔Hz〕，波長は 0.20〔m〕である．また，入射角を θ_1，屈折角を θ_2 とすると，$\sin\theta_1 = 0.40$，$\sin\theta_2 = 0.70$ である．有効数字2桁で答えよ．

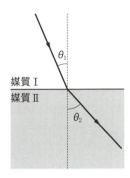

(1) 入射波の周期はいくらか．
(2) 入射波の速さはいくらか．
(3) 屈折波の振動数はいくらか．
(4) 屈折波の波長はいくらか．
(5) 屈折波の速さはいくらか．

〈東北工業大〉

(1) 入射波の振動数は $f_1 = 10$〔Hz〕である．周期と振動数の関係 $T = \dfrac{1}{f}$ から，入射波の周期 T_1〔s〕は，

$$T_1 = \frac{1}{f_1} = \frac{1}{10} = 0.10 \text{〔s〕}$$

(2) 入射波の振動数は $f_1 = 10$〔Hz〕，波長は $\lambda_1 = 0.20$〔m〕である．波の基本式 $v = f\lambda$ から，入射波の速さ v_1〔m/s〕は，
$$v_1 = f_1\lambda_1 = 10 \times 0.20 = 2.0 \text{〔m/s〕}$$

(3) ここで，次のことに注意しておこう．

> **Point**
> 波が異なる媒質に進入しても，波の振動数は変化しない．

入射波の振動数に対して，屈折波の振動数は変化しない．よって，屈折波の振動数は $f_2 = f_1 = 10$〔Hz〕のままである．

(4) **Point** より，屈折波の振動数は入射波の振動数と同じである。また，波の基本式 $v = f\lambda$ から，振動数 f が一定ならば波の速さ v と波長 λ は比例することがわかる。

　以上のことを用いて，屈折の法則を波長で表すことができる。入射波の速さを v_1〔m/s〕，波長を λ_1〔m〕，屈折波の速さを v_2〔m/s〕，波長を λ_2〔m〕とする。入射波と屈折波で振動数は同じ f〔Hz〕とすると，それぞれの波の基本式 $v = f\lambda$ から，

　　入射波：$v_1 = f\lambda_1$
　　屈折波：$v_2 = f\lambda_2$

この2式より，

$$\frac{v_1}{v_2} = \frac{f\lambda_1}{f\lambda_2} = \frac{\lambda_1}{\lambda_2}$$

ここで，**問題62**の(7)で求めた，屈折の法則の式（波の速さと入射角および屈折角の間の関係式）と合わせると，次の関係が得られる。

公式　屈折の法則

$$\frac{\sin\theta_1}{\sin\theta_2} = \frac{v_1}{v_2} = \frac{\lambda_1}{\lambda_2} (= n_{12})$$

※ n_{12} のことを，媒質Ⅰに対する媒質Ⅱの相対屈折率という。

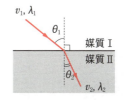

　求める屈折波の波長を λ_2〔m〕として屈折の法則を用いる。$\dfrac{\sin\theta_1}{\sin\theta_2} = \dfrac{\lambda_1}{\lambda_2}$ より，

$$\frac{0.40}{0.70} = \frac{0.20}{\lambda_2} \quad \text{よって，} \quad \lambda_2 = 0.35〔\text{m}〕$$

(5) 求める屈折波の速さを v_2〔m/s〕として，波の基本式 $v = f\lambda$ より，
　　$v_2 = f\lambda_2 = 10 \times 0.35 = 3.5$〔m/s〕

注 $\dfrac{\sin\theta_1}{\sin\theta_2} = \dfrac{v_1}{v_2}$ より，$\dfrac{0.40}{0.70} = \dfrac{2.0}{v_2}$ と立式して求めてもよい。

答 (1) 0.10 s　(2) 2.0 m/s　(3) 10 Hz　(4) 0.35 m
　　(5) 3.5 m/s

問題 64 屈折の法則 ③

透明な液体の液面から $1.00\,\mathrm{m}$ 下に光源を置き，そこから光が空気中に進むようすを図に示す。液体の中を光は直進し，その一部は液面で反射し，一部は屈折して空気中に出た。このとき，入射角 θ_1 よりも屈折角 θ_2 が大きいた

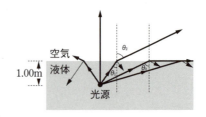

め，図のように光の入射角がしだいに大きくなると，空気中に出ていく光はなくなった。屈折角が $90°$ のときの入射角の大きさを θ_0，空気の屈折率を 1.00，この液体の屈折率を 1.41 とする。

(1) 入射角 θ_0 の名称を答えよ。
(2) 入射角 θ_0 を求めよ。
(3) 光源の真上の液面に円板を置き，空気中のどこから見ても光源からの光が見えないようにするには，円板の半径をいくらにすればよいか。最小値を，有効数字3桁で求めよ。

〈北見工業大〉

 解説

(1) 入射角 θ_1 が大きくなると屈折角 θ_2 も大きくなり，$\theta_1 < \theta_2$ の場合，入射角よりも先に屈折角が $90°$ に達する。**屈折角が $90°$ になるときの入射角**を**臨界角**とよび，これよりも入射角が大きくなると空気中に光が出ていかなくなる。このように，光(波)が異なる媒質中に進まない現象を**全反射**という。

> **Point**
> 入射角が臨界角より大きくなると，全反射がおこる。

(2) 媒質中での光の速さは，**絶対屈折率**を用いて表すことができる。絶対屈折率は単に屈折率ということも多い。

> **Point**
> 絶対屈折率 n の媒質中では，光の速さは真空中の $\dfrac{1}{n}$ 倍になる。

注 真空の絶対屈折率は1である。

光では，屈折の法則を屈折率で表すことが多い。屈折率n_1の媒質Ⅰ（入射角θ_1，速さv_1，波長λ_1）から屈折率n_2の媒質Ⅱ（入射角θ_2，速さv_2，波長λ_2）へ光が進入する場合を考える。真空中での光の速さをcとすると，

$$v_1 = \frac{c}{n_1}, \quad v_2 = \frac{c}{n_2} \quad \text{これより，} \quad \frac{v_1}{v_2} = \frac{n_2}{n_1}$$

p.131 **公式** 屈折の法則 の式と合わせると，次の関係が得られる。

公式　屈折率による屈折の法則

$$\frac{\sin\theta_1}{\sin\theta_2} = \frac{v_1}{v_2} = \frac{\lambda_1}{\lambda_2} = \frac{n_2}{n_1}$$

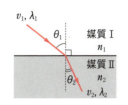

$\theta_1 = \theta_0$，$\theta_2 = 90°$として，屈折の法則を用いる。液体の屈折率は$n_1 = 1.41$，空気の屈折率は$n_2 = 1.00$なので，$\dfrac{\sin\theta_1}{\sin\theta_2} = \dfrac{n_2}{n_1}$より，

$$\frac{\sin\theta_0}{\sin 90°} = \frac{1.00}{1.41} \quad \text{よって，} \quad \sin\theta_0 = \frac{1}{1.41} \fallingdotseq \frac{1}{\sqrt{2}}$$

したがって，$\theta_0 = 45°$

(3) 空気中のどこから見ても光源からの光が見えないということは，光源からの光が空気中に出ていかないということである。入射角θ_1が臨界角θ_0よりも大きいと，全反射によって，円板がなくても光は空気中に出ていかない。そのため，円板は

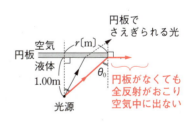

臨界角θ_0よりも小さい入射角の光をさえぎればよい。よって，円板の半径の最小値r〔m〕は，右上図より，

$$r = 1.00\tan\theta_0 = 1.00\tan 45° = 1.00 \text{〔m〕}$$

 (1) 臨界角　　(2) 45°　　(3) 1.00 m

18. レンズ

問題 65 レンズ ①　　　　　　　　　　　　　　　　　　　物理

凸レンズや凹レンズがつくる物体の像のうち，倍率が1より大きい正立の虚像ができるのはどれか。正しいものを，下の①〜④のうちから一つ選べ。ただし，矢印は物体を示し，Fはレンズの焦点を表す。

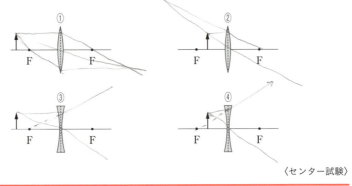

〈センター試験〉

1つ1つの選択肢について，作図により像を求めていこう。まずは，以下の手順にしたがって，①と②の凸レンズの作図をしておこう。

Point　凸レンズによる像の作図
(i) 光軸に平行な光線は，レンズ後方の焦点を通るように内側に屈折する。
(ii) レンズの中心を通る光線は，屈折せずにそのまま直進する。
(iii) (i)と(ii)の光線の交点に実像がつくられる。(i)と(ii)の光線に交点がないときは，レンズの前方への延長線の交点に虚像がつくられる。

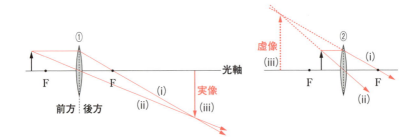

実際に光が集まってできるのが**実像**であり，レンズの後方(物体とは逆側)から見ると，あたかもそこにあるかのように見えるのが**虚像**である。①の「物体が凸レンズの焦点の外側にある場合」は倒立の実像ができる。②の「物体が凸レンズの焦点の内側にある場合」は正立の虚像ができることがわかる。この凸レンズによる虚像の倍率は，つねに1より大である。

　次に，以下の手順にしたがって，③と④の凹レンズの作図をしておこう。

> **Point**　凹レンズによる像の作図
> (i) 光軸に平行な光線は，レンズ前方の焦点から出たように外側に屈折する。
> (ii) レンズの中心を通る光線は，屈折せずにそのまま直進する。
> (iii) (i)と(ii)の光線の，レンズの前方への延長線の交点に虚像がつくられる。

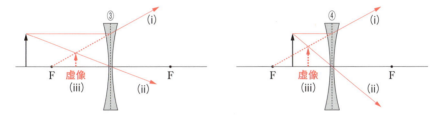

　③の「物体が凹レンズの焦点の外側にある場合」も，④の「物体が凹レンズの焦点の内側にある場合」も，正立の虚像ができることがわかる。これらの凹レンズによる虚像の倍率は，物体の位置によらずつねに1より小である。

　以上より，倍率が1より大きい正立の虚像ができるのは，②である。

答 ②

レンズ ②

厚さの薄い凸レンズを用意し，図のように，レンズの中心Oから左へ距離aの位置に矢印の形をした物体AA′を置いた。次にOから右へ距離bの位置に紙を置くと，物体の鮮明な像BB′が映った。物体上のAから出た光のうち，光軸に平行な光線1はPで内側に曲げられる。光線1はレンズを通った後，Bに達する前に光軸とFで交わる。ここでOF＝fとする。一方，Oを通る光線2は曲げられずに直進する。レンズ通過後，どちらの光線も像のBに向かう。

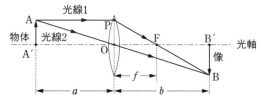

(1) 紙に映った像は何とよばれるか。

(2) 距離fは何とよばれるか。

(3) △AA′Oと△BB′Oは相似である。$\dfrac{\mathrm{BB'}}{\mathrm{AA'}}$ はいくらか。

(4) さらに△POFと△BB′Fも相似である。$\dfrac{\mathrm{BB'}}{\mathrm{PO}}$ はいくらか。

(5) ここで，AA′＝POより $\dfrac{\mathrm{BB'}}{\mathrm{AA'}} = \dfrac{\mathrm{BB'}}{\mathrm{PO}}$ となる。a，bとfの関係を求めよ。

〈大阪電気通信大〉

(1) 物体から出た光線は，レンズを通過するときに屈折し，ある位置に像をつくる。物体から見て，レンズの後方にできる像は，**実像**とよばれる。

(2) 光線の進み方を作図すると，どの位置にどのような大きさの像がつくられるかがわかる。作図では，2本の光線の進み方を考える。この問題では，光線1と光線2から点Bがわかり，像BB′が作図されている。

　焦点はレンズの前後に1点ずつあり，レンズ中心から焦点までの距離fは**焦点距離**とよばれる。

(3) △AA'O と △BB'O は相似なので,

$$AA' : BB' = A'O : B'O = a : b \qquad よって, \quad \frac{BB'}{AA'} = \frac{b}{a}$$

(4) △POF と △BB'F は相似なので,

$$PO : BB' = OF : B'F = f : b - f \qquad よって, \quad \frac{BB'}{PO} = \frac{b-f}{f}$$

(5) (3), (4)の結果を用いて, $\dfrac{BB'}{AA'} = \dfrac{BB'}{PO}$ より,

$$\frac{b}{a} = \frac{b-f}{f} \qquad よって, \quad bf + af = ab$$

ここで, 両辺を abf で割ると, a, b と f の最も簡単な関係式が得られる。

$$\frac{1}{a} + \frac{1}{b} = \frac{1}{f}$$

さらに, レンズによる像の倍率もおさえておこう。像の大きさ BB' の, 物体の大きさ AA' に対する比を**倍率**という。(3)より, 倍率 m は,

$$m = \frac{BB'}{AA'} = \frac{b}{a}$$

倍率は必ず正で表現するが, **問題67**のように b を負として扱う場合があるので, 絶対値をつけて覚えておこう。

公式 **レンズの公式**

$$\frac{1}{a} + \frac{1}{b} = \frac{1}{f} \qquad \left(倍率\ m = \left|\frac{b}{a}\right|\right)$$

（a：レンズと物体の距離　　b：レンズと像の距離　　f：焦点距離）

答 (1) 実像　　(2) 焦点距離　　(3) $\dfrac{BB'}{AA'} = \dfrac{b}{a}$　　(4) $\dfrac{BB'}{PO} = \dfrac{b-f}{f}$

(5) $\dfrac{1}{a} + \dfrac{1}{b} = \dfrac{1}{f}$

第3章 波動

18. レンズ　**137**

問題 67 レンズ ③　　　物理

次の文中の空欄にあてはまる数値を，有効数字3桁で記せ。

A　焦点距離16.0cmの薄い凸レンズを用いて，以下の2つの実験を行った。

実験1：この凸レンズの光軸上で，前方に物体Mを置き，後方に光軸に垂直にスクリーンを置いたところ，スクリーンにMの2.50倍の大きさの像が見えた（図1）。
Mから凸レンズまでの距離は □(1)□ cmである。
Mの像から凸レンズまでの距離は □(2)□ cmである。

実験2：この凸レンズの光軸上で，焦点距離より凸レンズに近いところにある物体Nを見たところ，Nの2.50倍の大きさの像が見えた（図2）。
Nから凸レンズまでの距離は □(3)□ cmである。
Nの像から凸レンズまでの距離は □(4)□ cmである。

B　焦点距離10.0cmの凹レンズから距離15.0cmの位置に物体を置くと，像がレンズから距離 □(5)□ cmの位置にできる。

〈金沢工業大・愛知工業大〉

 解説

(1)　実験1では，像はレンズの後方につくられているので**実像**である。

物体Mから凸レンズまでの距離を a_1〔cm〕，Mの像から凸レンズまでの距離を b_1〔cm〕とする。倍率が2.50倍なので，レンズの倍率の式 $m = \left|\dfrac{b}{a}\right|$ より，

$$\dfrac{b_1}{a_1} = 2.50 \quad \text{よって，} \quad b_1 = 2.50 a_1$$

また，焦点距離 $f_1 = 16.0$〔cm〕なので，レンズの公式 $\dfrac{1}{a} + \dfrac{1}{b} = \dfrac{1}{f}$ より，

$$\dfrac{1}{a_1} + \dfrac{1}{b_1} = \dfrac{1}{f_1} \quad \text{これより，} \quad \dfrac{1}{a_1} + \dfrac{1}{2.50 a_1} = \dfrac{1}{16.0}$$

よって，$a_1 = 22.4$〔cm〕

(2)　$b_1 = 2.50 a_1 = 2.50 \times 22.4 = 56.0$〔cm〕

138

(3) 焦点よりもレンズに近い位置に物体がある場合，レンズの後方には光が集まらず，前方(物体と同じ側)に**虚像**がつくられる。

凸レンズにおいて実像ができる場合以外では，レンズの公式 $\dfrac{1}{a} + \dfrac{1}{b} = \dfrac{1}{f}$ は次のように扱えばよい。

> ## Point*
> 虚像の場合 ⟶ b が負(b はレンズの後方を正とする)
> 凹レンズの場合 ⟶ f が負

物体Nから凸レンズまでの距離を a_2〔cm〕，Nの像から凸レンズまでの距離を b_2〔cm〕とする。(1)と同様に考えて，

$$\frac{b_2}{a_2} = 2.50 \quad \text{よって，} \quad b_2 = 2.50a_2$$

虚像なので，レンズの公式 $\dfrac{1}{a} + \dfrac{1}{b} = \dfrac{1}{f}$ で b を負として，

$$\frac{1}{a_2} + \frac{1}{-b_2} = \frac{1}{f_1} \quad \text{これより，} \quad \frac{1}{a_2} + \frac{1}{-2.50a_2} = \frac{1}{16.0}$$

よって，$a_2 = 9.60$〔cm〕

(4) $b_2 = 2.50a_2 = 2.50 \times 9.60 = 24.0$〔cm〕

(5) 像とレンズの距離を b_3〔cm〕とする。物体とレンズの距離 $a_3 = 15.0$〔cm〕，焦点距離 $f_3 = 10.0$〔cm〕である。凹レンズなので，レンズの公式 $\dfrac{1}{a} + \dfrac{1}{b} = \dfrac{1}{f}$ で f を負として，

$$\frac{1}{a_3} + \frac{1}{b_3} = \frac{1}{-f_3} \quad \text{これより，} \quad \frac{1}{15.0} + \frac{1}{b_3} = \frac{1}{-10.0}$$

よって，$b_3 = -6.00$〔cm〕
$b_3 < 0$ なので像は虚像であり，レンズの前方，距離6.00〔cm〕の位置にできる。

答 A (1) 22.4 (2) 56.0 (3) 9.60 (4) 24.0 B (5) 6.00

第3章 波動

18. レンズ 139

問題 68

19. 光の干渉

ヤングの実験　　　　　　　　　　　　　　　　　　　　　　　物理

次の文中の空欄にあてはまる式または語句を記せ。

　図のように，光源の前に，スリット S_0 の板と2つのスリット S_1，S_2 の板，およびスクリーンを平行に置く。ここで，スリット S_1 と S_2 との間隔を $2d$ [m]，スリット S_1 と S_2 の中点 M からスクリーンに下ろした垂線の交点を O とし，MO の距離を l [m] と

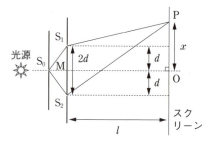

する。光源の光として，波長 λ [m] の単色光を使うと，スクリーン上には明暗のしま模様ができた。ただし，h が1より十分に小さいとき，近似式 $\sqrt{1+h} \fallingdotseq 1 + \dfrac{h}{2}$ が使えるものとする。

　まず，スリット S_0 から出た光はスリット S_1 と S_2 に到達する。図に示したように，スクリーン上 $OP = x$ [m] の点を P として，S_1 と S_2 を波源とする光が P にたどりつくまでの距離は，それぞれ $S_1P = $ (1) [m]，$S_2P = $ (2) [m] である。ここで，l が x と d に比べて十分に大きいとすると，S_1P と S_2P の経路差 $|S_2P - S_1P| \fallingdotseq$ (3) [m] が得られる。

　この経路差が波長の整数倍であれば，点 P に (4) が現れる。このとき，隣り合う (4) の間隔は，d，l，λ を用いて表すと (5) [m] である。

〈熊本大〉

(1) 右図の △QPS_1 について，三平方の定理より，
$$S_1P = \sqrt{l^2 + (x-d)^2} \text{ [m]}$$

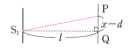

(2) 右図の △RPS_2 について，三平方の定理より，
$$S_2P = \sqrt{l^2 + (x+d)^2} \text{ [m]}$$

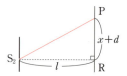

(3) (1)，(2)より，$|S_2P - S_1P|$ を求め，近似式が使えるように式変形すると，

$$|S_2P - S_1P| = \sqrt{l^2 + (x+d)^2} - \sqrt{l^2 + (x-d)^2}$$
$$= l\sqrt{1 + \left(\frac{x+d}{l}\right)^2} - l\sqrt{1 + \left(\frac{x-d}{l}\right)^2}$$

l が x と d に比べて十分に大きいので，$\left(\dfrac{x+d}{l}\right)^2$ と $\left(\dfrac{x-d}{l}\right)^2$ は 1 より十分に小さくなる。よって，これらが近似式の h に対応するので，

$$|S_2P - S_1P| \fallingdotseq l\left\{1 + \frac{1}{2}\left(\frac{x+d}{l}\right)^2\right\} - l\left\{1 + \frac{1}{2}\left(\frac{x-d}{l}\right)^2\right\}$$
$$= \frac{2dx}{l} \text{(m)}$$

(4) 光源から S_1 と S_2 までの距離は同じなので，S_1 と S_2 は同位相の波源と考えられる。経路差が波長の整数倍であれば，点 P では強め合い，明線が現れる。

> **Point**
> 光の干渉では，強め合う点は明るく，弱め合う点は暗い。

(5) 点 O を 0 番目として，点 P に m 番目（$m = 0, 1, 2, \cdots$）の明線ができたとする。$x = x_m$ として，干渉条件より，

$$\frac{2dx_m}{l} = m\lambda \quad これより, \quad x_m = \frac{ml\lambda}{2d}$$

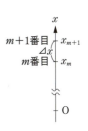

よって，隣り合う明線の間隔 Δx (m) は，

$$\Delta x = x_{m+1} - x_m = \frac{(m+1)l\lambda}{2d} - \frac{ml\lambda}{2d} = \frac{l\lambda}{2d} \text{(m)}$$

 (1) $\sqrt{l^2 + (x-d)^2}$　(2) $\sqrt{l^2 + (x+d)^2}$　(3) $\dfrac{2dx}{l}$　(4) 明線

(5) $\dfrac{l\lambda}{2d}$

問題 69 回折格子

次の文中の空欄にあてはまる式，語句または数値を記せ。

図は，平行な光を回折格子に当てたときのようすを拡大して表したものである。波長 λ [m]の光を回折格子に垂直に当てたとき，図のようにスリットにより入射光に対して角 θ だけ回折した光と，その隣のスリットで同じ角 θ

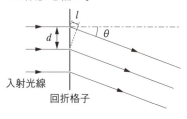

だけ回折した光との間での経路差 l [m]は，スリットとスリットの間隔（格子定数）を d [m]とすると， (1) [m]となる。経路差が光の (2) の整数倍のとき，光は強め合うため，整数 m を使うと， (3) という関係が成り立つ。

ある波長のレーザー光線を回折格子に当てると，スクリーン上には複数個の明るい点が現れる。この明るい点と点の間隔を調べることによって，光の波長を求めることができる。

スクリーンを回折格子から 1.0 m離れたところにおいて，レーザー光線を回折格子に当てたとき現れる複数の明るい点のうち，隣り合う明点間の距離を測ったところ 6.5 cmだった。回折格子の格子定数が 1.0×10^{-2} mmのとき，レーザー光線の波長は (4) [m]である。ただし，このとき $\sin\theta \fallingdotseq \tan\theta$ の近似が成り立つものとし，有効数字2桁で答えよ。

〈東北工業大〉

 解説

(1) 平行な光を回折格子に垂直に当てたので，1つ1つのスリットが同位相の波源と考えられ，隣り合う2つの光の経路差は，右図のABとなる。よって，

$l = d\sin\theta$ [m]

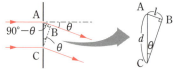

(2) 回折した光はスクリーン上で重なり合い，干渉する。ここで，次のことに注意しよう。

> **Point**
> 回折格子では，隣り合う2つの光が強め合う条件を満たせば，すべての光が同時に強め合う。

すなわち，経路差 l [m] が光の波長の整数倍のとき，光は強め合う。

(3) (1)，(2)より，光が強め合うための条件は，
$$d\sin\theta = m\lambda$$

(4) 格子定数に比べて，スクリーンと回折格子の間の距離 L [m] は大きいので，回折した光を1本にまとめた右のような図を描くことができる。

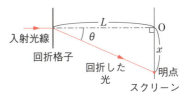

入射光線とスクリーンの交点をOとし，点Oと，角 θ だけ回折した光がスクリーンに当たる点との距離を x [m] とすると，
$$\tan\theta = \frac{x}{L}$$

$\sin\theta \fallingdotseq \tan\theta = \dfrac{x}{L}$ を(3)の結果に代入すると，
$$d\frac{x}{L} = m\lambda$$

点Oを0番目として，m 番目の明点の点Oからの距離を x_m [m] とすると，
$$d\frac{x_m}{L} = m\lambda \quad \text{よって，} x_m = \frac{mL\lambda}{d}$$

これより，隣り合う明点間の距離 $\varDelta x$ [m] は，
$$\varDelta x = x_{m+1} - x_m = \frac{(m+1)L\lambda}{d} - \frac{mL\lambda}{d} = \frac{L\lambda}{d}$$

式変形すると，波長 λ [m] は d，$\varDelta x$，L を用いて，
$$\lambda = \frac{d\varDelta x}{L}$$

長さの単位を [m] にそろえて d，$\varDelta x$，L の値を代入すると，
$$\lambda = \frac{1.0 \times 10^{-2} \times 10^{-3} \times 6.5 \times 10^{-2}}{1.0} = 6.5 \times 10^{-7} \text{[m]}$$

 (1) $d\sin\theta$ (2) 波長 (3) $d\sin\theta = m\lambda$ (4) 6.5×10^{-7}

問題 70 薄膜による光の干渉 ①　　物理

せっけん液の膜のような透明な薄膜に光が入射すると、色がついて見えることがある。これは光の干渉によって起こる現象である。図1にしたがって干渉のようすを考えよう。薄膜は屈折率 $n_1(n_1 > 1)$、厚さ d [m] で、屈折率が1の

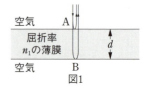

空気中にあるとする。入射光は空気中での波長が λ [m] の単色光で、薄膜に垂直に入射するとする。

(1) 薄膜の中での波長を λ_1 [m] とする。λ_1 を λ、n_1 を用いて表せ。

(2) 点A、Bで反射した光の位相は、それぞれ何 [rad] 変化するか。

(3) 点Bで反射した光と点Aで反射した光が干渉し、これらが強め合う条件を求めよ。必要であれば $m = 0, 1, 2, \cdots$ を用いてよい。

次に、ガラス(屈折率 n_2)の表面に厚さ d [m] の薄膜がある状態を考える(図2)。ただし、$n_2 > n_1 > 1$ とする。このような薄膜はレンズなどの表面で反射が起きるのを防止する目的で利用されている。

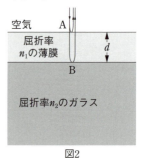

(4) 点Bで反射した光と点Aで反射した光が干渉し、これらが弱め合う条件のうち、最も薄い膜の厚さ d_M [m] を求めよ。

〈山口大〉

 解説

(1) 光が屈折率 n_1 の薄膜の中を進むとき、速さ、波長は空気中(真空中)での $\dfrac{1}{n_1}$ 倍になる。よって、

$$\lambda_1 = \frac{\lambda}{n_1} \text{[m]}$$

注　問題文に「屈折率が1の空気中」と書かれているが、これは空気中を真空中とみなして解いてよいということである。

(2) 光が反射するとき、固定端型の反射をし、位相が変化することがある。

Point
屈折率がより小さい媒質の表面で反射 ⟶ 自由端型 ⇨ 位相そのまま
屈折率がより大きい媒質の表面で反射 ⟶ 固定端型 ⇨ 逆位相になる

点Aでは，空気→薄膜（屈折率$1 \to n_1$）に向かうときの反射なので，固定端型で位相がπ〔rad〕だけ変化し，逆位相になる。点Bでは，薄膜→空気（屈折率$n_1 \to 1$）に向かうときの反射なので，自由端型で位相の変化は0 radである。

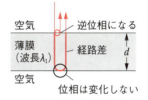

(3) 点Aを透過した後，点Bで反射する光は，厚さd〔m〕の薄膜を往復して，点Aで反射した光と干渉する（右上図）。経路差は薄膜中の距離$2d$〔m〕である。逆位相になる反射が合計で1回あるので，逆位相の波源の場合の干渉条件となる。したがって，強め合う条件は，薄膜中での波長λ_1〔m〕を用いて，

$$2d = \left(m + \frac{1}{2}\right)\lambda_1 \quad \text{よって，} \quad 2d = \left(m + \frac{1}{2}\right)\frac{\lambda}{n_1}$$

(4) (3)とは異なり，点Bでは，薄膜→ガラス（屈折率$n_1 \to n_2$）に向かうときの反射なので，$n_2 > n_1$より，固定端型で位相がπ〔rad〕だけ変化し，逆位相になる。点Aで反射した光も逆位相になっており，逆位相になる反射が合計で2回あるので，結局，同位相の波源の場合の干渉条件となる。したがって，弱め合う条件は，薄膜中での波長λ_1〔m〕を用いて，

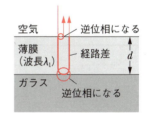

$$2d = \left(m + \frac{1}{2}\right)\lambda_1 \quad \text{よって，} \quad 2d = \left(m + \frac{1}{2}\right)\frac{\lambda}{n_1}$$

$m = 0$のとき，薄膜の厚さd〔m〕は最小値d_M〔m〕になるので，

$$2d_M = \left(0 + \frac{1}{2}\right)\frac{\lambda}{n_1} \quad \text{よって，} \quad d_M = \frac{\lambda}{4n_1} \text{〔m〕}$$

答 (1) $\lambda_1 = \dfrac{\lambda}{n_1}$〔m〕　(2) 点A：$\pi$〔rad〕　点B：0 rad

(3) $2d = \left(m + \dfrac{1}{2}\right)\dfrac{\lambda}{n_1}$　(4) $d_M = \dfrac{\lambda}{4n_1}$〔m〕

薄膜による光の干渉 ②

図のように，空気中にある厚さ d [m]の平らな薄膜に入射する平面波の単色光を考える。光は薄膜の表面に垂直な線に対して角度 θ ($0° < \theta < 90°$) で入射する。空気中での光の波長を λ [m]とし，薄膜の屈折率を n ($n > 1$)，空気の屈折率を1とする。

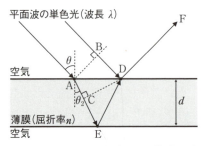

(1) 一部の光は薄膜の表面で反射され，それ以外の光は屈折角 θ_2 で薄膜の中に進入した。$\sin\theta_2$ を，n, θ で表せ。

(2) 薄膜中での光の波長 λ_2 [m]を，n, λ で表せ。

(3) 図の点Aで薄膜に入射した光は点Eで反射されA→E→D→F(経路1)と進行する。この光と点Dで反射されたB→D→F(経路2)の経路の光の干渉を考える。線分AE上に点CをAE⊥CDとなるようにとると，薄膜中での光の波面はCDに平行であるので，経路1と経路2の光の経路差 l_2 [m]はCE＋EDの長さに等しい。l_2 を，d, θ_2 で表せ。

(4) 前問(3)の干渉において，干渉光が強め合うための条件を，l_2, λ_2 および正の整数 m ($m = 1, 2, 3, \cdots$) で表せ。

〈首都大東京〉

(1) 点Aで屈折の法則を用いると，
$$\frac{\sin\theta}{\sin\theta_2} = \frac{n}{1} \quad \text{よって，} \quad \sin\theta_2 = \frac{\sin\theta}{n}$$

(2) 屈折率 n の薄膜中では，空気中(真空中)に比べて光の速さ，波長ともに $\frac{1}{n}$ 倍になるので，
$$\lambda_2 = \frac{\lambda}{n} \text{ [m]}$$

(3) CE＋EDの長さを求めるとき，問題図のままではCEとEDを別々に考えていくことになり面倒である。そこで，長さが1本の直線になるように，反射後の経路EDを移動させよう。

146

> **Point**
> 反射を含む折れ曲がった経路は，反射した境界面に対して対称に折り返す。

右図のように，EDを薄膜下面の空気との境界面に対して対称に折り返してED′を描くと，入射角と反射角が等しいことから，CE＋ED′は直線となる。よって，$l_2 = \mathrm{CE} + \mathrm{ED} = \mathrm{CE} + \mathrm{ED}'$として求めよう。直角三角形である△DD′Cに着目して，∠DD′E＝θ_2，DD′＝$2d$なので，
$$l_2 = \mathrm{DD}'\cos\theta_2 = 2d\cos\theta_2 \, [\mathrm{m}]$$

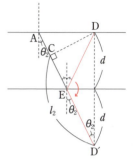

(4) ここで，反射を含む光の干渉について，あらためて確認しておこう。

> **Point**
> 固定端型の反射が**偶数回** ⟶ **同位相**の波源の場合の干渉条件
> 固定端型の反射が**奇数回** ⟶ **逆位相**の波源の場合の干渉条件

経路1では，薄膜の下面で反射があり，薄膜→空気に向かう（屈折率がより小さくなる）ときの反射なので，自由端型で位相の変化は0 radである。一方，経路2では，薄膜の上面で反射があり，空気→薄膜に向かう（屈折率がより大きくなる）ときの反射なので，固定端型で位相がπ [rad]だけ変化し，逆位相になる。よって，逆位相になる固定端型の反射が合計1回あるので，逆位相の波源の場合の干渉条件を考えればよい。波長はλ_2を用いて，
$$l_2 = \left(m - \frac{1}{2}\right)\lambda_2$$

注 mは1以上の整数なので，$\left(m + \dfrac{1}{2}\right)\lambda_2$とすると，経路差として$\dfrac{1}{2}\lambda_2$が表せなくなり，誤りとなるので気をつけよう。

答 (1) $\sin\theta_2 = \dfrac{\sin\theta}{n}$ 　(2) $\lambda_2 = \dfrac{\lambda}{n}$ [m] 　(3) $l_2 = 2d\cos\theta_2$ [m]
(4) $l_2 = \left(m - \dfrac{1}{2}\right)\lambda_2$

問題 72 光路長

次の文中の空欄にあてはまる式を記せ。

図のように，真空中に2つのスリットS₁, S₂を置き，さらにS₁S₂に平行にスクリーンを置く。S₁S₂の垂直二等分線とスクリーンが交わる点をOとする。スリットS₁の手前(スクリーンの反対側)

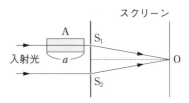

には，屈折率を自由に変えられる長さa〔m〕の透明な媒質Aが置かれている。

真空中の波長がλ〔m〕の単色光平面波をS₁S₂に垂直に入射する。真空中の光の速さをc〔m/s〕とすると，媒質Aの屈折率がnのとき，Aの中を進む光の速さはcの$\frac{1}{n}$倍となる。振動数は媒質中でも変わらないので，Aの中を進む光の波長はλの $\boxed{(1)}$ 倍となる。Aの中を光がa〔m〕進むのにかかる時間は $\boxed{(2)}$ 〔s〕であり，同じ時間に真空中の光は $\boxed{(3)}$ 〔m〕進む。

Aの屈折率が1のとき，点Oに明線が観測された。Aの屈折率を増加させたところ，点Oは明暗を繰り返した。Aの屈折率がnになったとき，Aによって生じる光路差は $\boxed{(4)}$ 〔m〕であり，点Oに明線が観測される条件は，$m = 0, 1, 2, \cdots$を用いて，$n = \boxed{(5)}$ と求められる。

〈北海道大〉

(1) 波の基本式$v = f\lambda$より，振動数fが一定のとき，速さvと波長λは比例することがわかる。よって，速さが$\frac{1}{n}$倍になれば波長も$\frac{1}{n}$倍になる。

(2) 屈折率がnの媒質Aの中では，光の速さは$\frac{c}{n}$〔m/s〕になっている。これより，媒質Aの中を光がa〔m〕進むのにかかる時間をt〔s〕とすると，

$$a = \frac{c}{n} \cdot t \quad \text{よって，} \quad t = \frac{na}{c} \text{〔s〕}$$

(3) 真空中での光の速さはc〔m/s〕なので，時間t〔s〕で進む距離l〔m〕は，

$$l = ct = c \cdot \frac{na}{c} = na \text{〔m〕}$$

このような，屈折率(絶対屈折率)と距離の積のことを**光路長**(または**光学距離**)という。光路長は，媒質中の距離を真空中の距離に換算したものといえる。

> **公式** **光路長(光学距離)**
> (光路長)＝(媒質の屈折率)×(媒質中を光が実際に進んだ距離)

(4) 点Oでは，スリットS_1を通過した光と，スリットS_2を通過した光が干渉している。S_1を通過する光は媒質Aの中を通過しており，Aの中では波長が変化する。そこで，次のように干渉条件を考えよう。

> **Point**
> 異なる媒質中を進む光の干渉では，光路差(光路長の差)で干渉条件を考える。このとき，波長は，真空中での波長を用いる。

光路差が生じる範囲に着目しよう(右図)。媒質Aを通過する光の光路長はna〔m〕である。一方，媒質Aを通過しない光は屈折率1の真空中を進んでいるので，光路長はa〔m〕である。よって，光路差は，

$$na - a = (n-1)a \text{〔m〕}$$

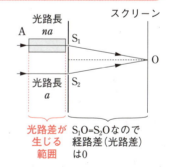

(5) (4)の結果から，点Oに明線が観測される条件(強め合う条件)は，

$$(n-1)a = m\lambda \quad \text{よって，} \quad n = 1 + \frac{m\lambda}{a}$$

答 (1) $\dfrac{1}{n}$ (2) $\dfrac{na}{c}$ (3) na (4) $(n-1)a$ (5) $1 + \dfrac{m\lambda}{a}$

第4章 電 気

20. 電場・電位

問題 73 クーロンの法則

物理

水平な天井から小さな金属球A,Bをそれぞれ絶縁体の糸でつり下げた。2つの金属球の質量はともにm〔kg〕で,糸の長さも同じである。糸の質量は無視できるとする。金属球Aに$+q$〔C〕$(q>0)$,Bに$-q$〔C〕の正負の電荷を帯電させると,図のように糸は鉛直方向に対して角度θ〔rad〕傾き,金属球の間の距離はr〔m〕となった。重力加速度の大きさをg〔m/s²〕,クーロンの法則の比例定数をk〔N·m²/C²〕とする。

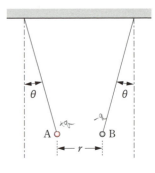

(1) 金属球の間にはたらく力の大きさF〔N〕と糸が引く力の大きさT〔N〕を,それぞれm,g,θを用いて表せ。
(2) 金属球に与えた電荷の大きさq〔C〕を,r,m,g,k,θを用いて表せ。

〈東邦大〉

(1) 2つの金属球にはたらく力を考えて,力のつり合いの式を立てよう。金属球には重力mg〔N〕と張力T〔N〕のほか,**静電気力**F〔N〕がはたらいている(静電気力は,単に**電気力**ともいう)。

Point

2つの電荷の間にはたらく静電気力の大きさは等しい。また,静電気力の向きは,2つの電荷が異符号の場合は引力,同符号の場合は反発力となる。

金属球A,Bはそれぞれ正,負の電荷をもつので,静電気力は引力としてはたらく。金属球A(またはB)についての力のつり合いより,

水平方向:$F = T\sin\theta$ ……①
鉛直方向:$T\cos\theta = mg$ ……②

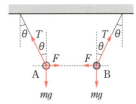

②式より,

$$T = \frac{mg}{\cos\theta} \, [\mathrm{N}]$$

これを①式に代入して,

$$F = \frac{mg}{\cos\theta} \cdot \sin\theta = mg\tan\theta \, [\mathrm{N}] \quad \cdots\cdots ③$$

(2) 2つの点電荷の間にはたらく静電気力の大きさは, 次の**クーロンの法則**から求められる。

公式 クーロンの法則

2つの点電荷の間にはたらく静電気力の大きさ $F \, [\mathrm{N}]$ は,

$$F = k\frac{|q_1| \cdot |q_2|}{r^2}$$

$\begin{pmatrix} q_1, \ q_2 \, [\mathrm{C}] : \text{点電荷の電気量} \\ r \, [\mathrm{m}] : \text{点電荷間の距離} \\ k \, [\mathrm{N \cdot m^2/C^2}] : \text{クーロンの法則の比例定数} \end{pmatrix}$

金属球A, Bの間にはたらく静電気力の大きさ $F \, [\mathrm{N}]$ は,

$$F = k\frac{q \cdot q}{r^2} = \frac{kq^2}{r^2} \, [\mathrm{N}]$$

これと③式が等しいことから,

$$\frac{kq^2}{r^2} = mg\tan\theta \qquad \text{よって,} \quad q = r\sqrt{\frac{mg\tan\theta}{k}} \, [\mathrm{C}]$$

BがAに及ぼす 静電気力

AがBに及ぼす 静電気力

第4章 電気

答 (1) $F = mg\tan\theta \, [\mathrm{N}] \qquad T = \dfrac{mg}{\cos\theta} \, [\mathrm{N}]$ (2) $q = r\sqrt{\dfrac{mg\tan\theta}{k}} \, [\mathrm{C}]$

20. 電場・電位 151

問題 74 点電荷による電場

図のように，x-y平面上で原点Oからa(m) $(a>0)$の距離にある点A$(a, 0)$およびB$(-a, 0)$に，電気量Q(C)$(Q>0)$の点電荷をそれぞれ固定した。クーロンの法則の比例定数をk(N·m^2/C^2)とする。

(1) 点AとBに固定された2つの点電荷の間にはたらく静電気力の大きさF(N)を，a，Q，kを用いて表せ。

(2) 点P$(0, \sqrt{3}a)$での電場(電界)の強さE_P(N/C)を，a，Q，kを用いて表せ。また，その向きを答えよ。

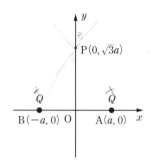

〈山形大〉

解説 (1) 2つの点電荷の間の距離は$2a$(m)である。静電気力の大きさF(N)は，クーロンの法則より，

$$F = k\frac{Q \cdot Q}{(2a)^2} = \frac{kQ^2}{4a^2} \text{(N)}$$

2つの点電荷はともに正の電荷なので，点Aの点電荷はx軸正の向きに，点Bの点電荷はx軸負の向きに静電気力を受ける。

(2) まず，電場についておさえておこう。

公式 電場(電界)から受ける静電気力F(N)

$F = qE$　　(q(C)：電荷の電気量　　E(N/C)：電場)

※ 電場は，+1Cの電荷が受ける静電気力に等しい。

結局，+1Cが受ける静電気力を求めればよいので，点Pに+1Cの点電荷を置いて，その点電荷が受ける静電気力を考えていこう。点Pでは，点Aの点電荷による静電気力と，点Bの点電荷による静電気力を受ける。

まず，点Aの点電荷による電場を求めよう。△OAPについて，三平方の定理から，点Aと点Pの間の距離は$2a$〔m〕になる（右図）。点Pに置いた＋1Cの点電荷が，点Aの点電荷から受ける静電気力の大きさF_A〔N〕は，

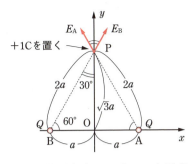

$$F_A = k\frac{Q \cdot 1}{(2a)^2} = \frac{kQ}{4a^2} \text{〔N〕}$$

力の向きは，点Aから遠ざかる向きである。この静電気力が，点Aの点電荷によってつくられる点Pの電場に等しい。よって，その強さE_A〔N/C〕は，

$$E_A = F_A = \frac{kQ}{4a^2} \text{〔N/C〕}$$

同様に，点Bの点電荷から受ける静電気力の大きさF_B〔N〕は，

$$F_B = k\frac{Q \cdot 1}{(2a)^2} = \frac{kQ}{4a^2} \text{〔N〕}$$

力の向きは，点Bから遠ざかる向きである。よって，点Bの点電荷によってつくられる点Pの電場の強さE_B〔N/C〕は，

$$E_B = F_B = \frac{kQ}{4a^2} \text{〔N/C〕}$$

> **Point**
> 2つ以上の点電荷による電場は，各点電荷ごとに電場を求めて，ベクトルとして合成する。

2つの電場E_AとE_Bは，同じ大きさで，y軸からそれぞれ30°傾いている。合成電場を作図すると，右図のようになる。したがって，求める電場の強さ，すなわち合成電場の大きさE_P〔N/C〕は，

$$E_P = E_A \cos 30° \times 2 = \frac{\sqrt{3}\,kQ}{4a^2} \text{〔N/C〕}$$

電場の向きは，y軸正の向きである。

 (1) $F = \dfrac{kQ^2}{4a^2}$〔N〕　(2) $E_P = \dfrac{\sqrt{3}\,kQ}{4a^2}$〔N/C〕　y軸正の向き

問題 75 点電荷による電位

図のように，x 軸上の原点 O から距離 a (m)（$a > 0$）だけ離れた点 A$(-a, 0)$ と点 B$(a, 0)$ に，それぞれ電気量 $-2Q$ (C) と $+Q$ (C)（$Q > 0$）の点電荷が固定されている。クーロンの法則の比例定数を k (N・m²/C²) とし，無限遠点における電位を 0 V とする。

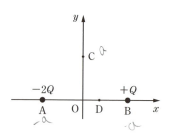

(1) y 軸上の点 C$(0, a)$ での電位を求めよ。

(2) x 軸上の点 D$\left(\dfrac{a}{3}, 0\right)$ での電位を求めよ。

(3) 電気量 $+Q$ (C) の点電荷を，点 C から点 D まで移動させるのに必要な仕事を求めよ。

〈徳島大〉

(1) 点電荷のまわりの電位は，次のようになる。

公式 　点電荷のまわりの電位 V (V)

$$V = k\dfrac{Q}{r}$$

Q (C)：点電荷の電気量
r (m)：点電荷からの距離
k (N・m²/C²)：クーロンの法則の比例定数

※ 無限遠点を基準（0 V）とする。

点 C での電位は，点 A の点電荷による電位と，点 B の点電荷による電位の和になる。点 A の点電荷による電位 V_1 (V) は，点 A からの距離が $\sqrt{2}\,a$ (m) なので，

$$V_1 = k\dfrac{(-2Q)}{\sqrt{2}\,a} = -\dfrac{2kQ}{\sqrt{2}\,a} \text{ (V)}$$

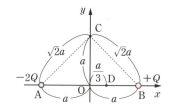

点 B の点電荷による電位 V_2 (V) は，点 B からの距離が $\sqrt{2}\,a$ (m) なので，

$$V_2 = k\dfrac{Q}{\sqrt{2}\,a} = \dfrac{kQ}{\sqrt{2}\,a} \text{ (V)}$$

Po*int

2つ以上の点電荷による電位は，各点電荷ごとに電位を求めて，そのまま足し合わせる。

よって，求める点Cでの電位V_C〔V〕は，

$$V_C = V_1 + V_2 = -\frac{2kQ}{\sqrt{2}\,a} + \frac{kQ}{\sqrt{2}\,a} = -\frac{kQ}{\sqrt{2}\,a}\text{〔V〕}$$

(2) (1)と同様に，点Aの点電荷による電位V_3〔V〕と，点Bの点電荷による電位V_4〔V〕は，

$$V_3 = k\frac{(-2Q)}{\dfrac{4}{3}a} = -\frac{3kQ}{2a}\text{〔V〕}, \quad V_4 = k\frac{Q}{\dfrac{2}{3}a} = \frac{3kQ}{2a}\text{〔V〕}$$

よって，求める点Dでの電位V_D〔V〕は，

$$V_D = V_3 + V_4 = -\frac{3kQ}{2a} + \frac{3kQ}{2a} = 0\text{〔V〕}$$

(3) まず，電位と静電気力による位置エネルギーの関係を確認しておこう。

公式 　　**静電気力による位置エネルギーU〔J〕**

$$U = qV \qquad (q\text{〔C〕：電荷の電気量} \quad V\text{〔V〕：電位})$$

※ 電位は，＋1Cの電荷がもつ静電気力による位置エネルギーに等しい。

電気量＋Q〔C〕の点電荷が，点Cでもつ位置エネルギーは$U_C = QV_C$〔J〕，点Dでもつ位置エネルギーは$U_D = QV_D$〔J〕である。この位置エネルギーの変化分が，求める仕事W〔J〕（＝〔N・m〕）なので，

$$W = U_D - U_C = Q\cdot 0 - Q\cdot\left(-\frac{kQ}{\sqrt{2}\,a}\right) = \frac{kQ^2}{\sqrt{2}\,a}\text{〔J〕}$$

答 (1) $-\dfrac{kQ}{\sqrt{2}\,a}$〔V〕　　(2) 0V　　(3) $\dfrac{kQ^2}{\sqrt{2}\,a}$〔J〕

第4章 電気

問題 76 一様な電場

次の文中の空欄にあてはまる答を記せ。答が数値の場合は，有効数字2桁で答えよ。

真空中に一様な電場(電界)があり，電場の方向に0.30m離れた2点A，Bをとる。Aの電位はBの電位より1.5×10^2Vだけ高い。このとき，AB間の電場の向きは　(1)　であり，電場の強さは　(2)　V/mである。ここで，質量9.0×10^{-24}kg，電荷3.0×10^{-16}Cの粒子を点Aに静かに置くと，粒子は電場から力を受けて動き出した。粒子が点Aから点Bに達するまでに電場からされる仕事は　(3)　Jであり，点Bに達したときの粒子の速さは　(4)　m/sである。

〈千葉工業大〉

解説

(1) 一様な電場なので，どの場所でも同じ大きさ，同じ向きの電場になっている。**電場があると電位差を生じ**，次の関係がある。

Point
電場の向きは，電位の高い方から低い方へ向かう。

点Aは点Bよりも電位が高いので，電場の向きは点Aから点Bへ向かう(右図)。

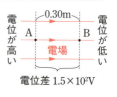

(2) 一様な電場では，2点間の距離と電位差から電場が求められる。**電場は，電場に平行な方向で測った1mあたりの電位差で表すこともでき**，単位は〔N/C〕のほかに〔V/m〕も用いられる。

公式
一様な電場 E〔V/m〕(=〔N/C〕)

$$E = \frac{V}{d}$$

(V〔V〕：2点間の電位差
d〔m〕：電場に平行な2点間の距離)

点Aと点Bは$d = 0.30$〔m〕離れており，電位差は$V = 1.5 \times 10^2$〔V〕なので，

電場の強さ E〔V/m〕は,
$$E = \frac{V}{d} = \frac{1.5 \times 10^2}{0.30} = 5.0 \times 10^2 \text{〔V/m〕}$$

(3) 電荷 $q = 3.0 \times 10^{-16}$〔C〕の粒子が,電場から受ける力の大きさ F〔N〕は,
$$F = qE = 3.0 \times 10^{-16} \times 5.0 \times 10^2 = 1.5 \times 10^{-13} \text{〔N〕}$$
この力の向きに距離 $d = 0.30$〔m〕動くので,電場からされる仕事 W〔J〕は,
$$W = Fd = 1.5 \times 10^{-13} \times 0.30 = 4.5 \times 10^{-14} \text{〔J〕}$$

(4) 点Aと点Bに着目して,運動エネルギーと仕事の関係を考えよう。点Aでは粒子の速さは0であり,点Bに達するまでに電場から W〔J〕の仕事をされる。点Bに達したときの粒子の速さを v〔m/s〕とすると,「運動エネルギーの変化＝受けた仕事」より,
$$\frac{1}{2} \times 9.0 \times 10^{-24} \times v^2 - 0 = 4.5 \times 10^{-14}$$

よって, $v = 1.0 \times 10^5$〔m/s〕

別解 電位を求めて,静電気力による位置エネルギーを考えてもよい。点Bの電位を $V_B = 0$〔V〕とすると,点Aの電位は $V_A = 1.5 \times 10^2$〔V〕になる。

公式 　電場中での力学的エネルギー保存の法則

$$\frac{1}{2}mv^2 + qV = 一定 \quad \begin{pmatrix} \frac{1}{2}mv^2 \text{〔J〕：運動エネルギー} \\ qV \text{〔J〕：静電気力による位置エネルギー} \end{pmatrix}$$

力学的エネルギー保存の法則より,
$$0 + 3.0 \times 10^{-16} \times 1.5 \times 10^2 = \frac{1}{2} \times 9.0 \times 10^{-24} \times v^2 + 0$$

よって, $v = 1.0 \times 10^5$〔m/s〕

コツ 「電場による仕事」と「静電気力による位置エネルギー」は,どちらか一方だけを用いて式を立てること！

答 (1) A→B　(2) 5.0×10^2　(3) 4.5×10^{-14}　(4) 1.0×10^5

第4章 電気

20. 電場・電位

21. 直流回路

電子の運動とオームの法則

物理

次の文中の空欄にあてはまる式を記せ。ただし、(2)は｛ ｝の中から適当なものを選べ。

図のように断面積 S [m²]、長さ l [m] の導体の両端に電圧 V [V] を加えると、導体には強さ ⬜(1)⬜ [V/m] の一様な電場が生じる。導体を移動する電荷 $-e$ [C] ($e > 0$) の自由電子は、電場から ⬜(2)⬜{(ア),(イ)} 向きに大きさ ⬜(3)⬜ [N] の力を受けて加速される。しかし、自由電子は熱振動する陽イオンとの衝突により力を受け、平均するとある一定の速さ v [m/s] で移動する。陽イオンとの衝突による抵抗力は v に比例すると仮定し、その比例定数を k [N/(m/s)] とする。自由電子は一定の速さ v で移動するのだから、電場からの力と抵抗力はつり合う。これを式で書くと ⬜(4)⬜ となり、この式から v が求まる。導体の自由電子密度を n [個/m³] とすると、導体断面を単位時間 (1秒) あたりに通過する電子数は ⬜(5)⬜ [個] となる。したがって、電流 I [A] は、$I =$ ⬜(6)⬜ [A] で与えられる。この式に先に求めた速さ v を代入して、導体の抵抗値 R [Ω] を l, S, n, e, k を用いて表すと、$R =$ ⬜(7)⬜ [Ω] と書ける。

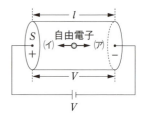

〈北見工業大〉

解説

(1) 電場 E [V/m] は一様であり、距離 l [m] の電位差 (電圧) が V [V] なので、$E = \dfrac{V}{l}$ [V/m]

(2) 自由電子は負の電荷なので、電場の向き(ア)とは逆の向き(イ)に力を受ける。

(3) 自由電子の電荷の大きさは e [C] なので、受ける力の大きさ F [N] は、

$$F = eE = \dfrac{eV}{l} \text{ [N]}$$

(4) 陽イオンとの衝突による抵抗力の大きさは、kv [N] と表すことができる。この力が電場から受ける力 F [N] とつり合うので (右図)、$F = kv$ より、

158

$$\frac{eV}{l} = kv \quad \text{よって、} \quad v = \frac{eV}{kl} \text{[m/s]} \quad \cdots\cdots ①$$

(5) 右図のように，ある断面Aに着目しよう。
自由電子は速さv[m/s]で移動するので，1
秒間でv[m]だけ進む。そのため，断面Aか
ら右側v[m]の間にある自由電子は，1秒後
には断面Aを通過している。よって，単位時

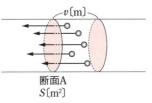

間(1秒)あたりに断面Aを通過するのは，体積Sv[m³]の中にある自由電子である。自由電子密度がn[個/m³]なので，求める電子数は$N = nSv$[個]となる。

(6) 電流の意味をおさえておこう。

> **Point**
> 電流の大きさは，単位時間(1秒)あたりに断面を通過する電気量の大きさに等しい。

電子1個あたりの電荷(電気量)の大きさはe[C]なので，電流I[A]は，
$$I = eN = enSv \text{[A]} (= \text{[C/s]}) \quad \cdots\cdots ②$$

(7) ②式に①式を代入すると，$I = enS \cdot \dfrac{eV}{kl}$

よって，オームの法則より，抵抗値R[Ω]は，$R = \dfrac{V}{I} = \dfrac{kl}{e^2 nS}$[Ω]

注 $R = \dfrac{k}{e^2 n} \cdot \dfrac{l}{S}$[Ω]なので，抵抗率$\rho$[Ω·m]は，$\rho = \dfrac{k}{e^2 n}$である。

公式 抵抗値 R [Ω]

$$R = \rho \frac{l}{S} \quad \begin{pmatrix} \rho\text{[Ω·m]：抵抗率} & l\text{[m]：長さ} \\ S\text{[m²]：断面積} & \end{pmatrix}$$

答 (1) $\dfrac{V}{l}$　(2) (イ)　(3) $\dfrac{eV}{l}$　(4) $\dfrac{eV}{l} = kv$　(5) nSv　(6) $enSv$

(7) $\dfrac{kl}{e^2 nS}$

第4章 電気

抵抗の接続

物理基礎

図の回路で，抵抗 R_1 は 20Ω，R_2 は 30Ω で抵抗 R の抵抗値は未知である。これに起電力 12V の電池を接続したところ，抵抗 R_2 に 0.20A の電流が流れた。有効数字 2 桁で答えよ。

(1) 抵抗 R_2 の両端の電圧はいくらか。
(2) 抵抗 R_1 を流れる電流はいくらか。
(3) 未知抵抗 R の抵抗値はいくらか。
(4) 抵抗 R_2 で消費される電力はいくらか。

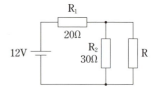

〈東北工業大〉

解説

(1) 回路中の 1 つ 1 つの抵抗について，かかる電圧（電位差），流れる電流，抵抗値の間には，次の**オームの法則**が成り立つ。

 オームの法則
$V = RI$　　（V (V)：電圧　　R (Ω)：抵抗値　　I (A)：電流）

抵抗 R_2 の両端の電圧（R_2 にかかる電圧）を V_2 (V) とすると，オームの法則より，

$$V_2 = 30 \times 0.20 = 6.0 \text{ (V)}$$

(2) 回路の特徴として，次のことをおさえておこう。

Point
直列部分を流れる電流は等しく，各電圧の和は全体にかかる電圧に等しい。
並列部分にかかる電圧は等しく，各電流の和は全体を流れる電流に等しい。

抵抗 R_2 と未知抵抗 R は並列になっている。抵抗 R_2 の両端の電圧と未知抵抗 R の両端の電圧は等しいので，(1) より，未知抵抗 R の両端の電圧は，6.0V とわかる。

次に，R₂とRをひとつの抵抗とみなすと，抵抗R₁と直列になっている。抵抗R₁の両端の電圧をV_1〔V〕とすると，これら2つの抵抗の電圧の和が電池の起電力に等しいので，

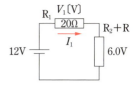

$$V_1 + 6.0 = 12$$

よって，　$V_1 = 6.0$〔V〕

したがって，抵抗R₁に流れる電流I_1〔A〕は，オームの法則より，

$$I_1 = \frac{V_1}{20} = \frac{6.0}{20} = 0.30 \text{〔A〕}$$

(3) 未知抵抗Rを流れる電流をI_R〔A〕とすると，抵抗R₁を流れる電流が抵抗R₂と未知抵抗Rを流れる電流の和に等しいので，

$$0.30 = 0.20 + I_R$$

よって，　$I_R = 0.10$〔A〕

したがって，未知抵抗Rの抵抗値R〔Ω〕は，オームの法則より，

$$R = \frac{6.0}{I_R} = \frac{6.0}{0.10} = 60 \text{〔Ω〕}$$

(4) 消費電力の式を確認しておこう。

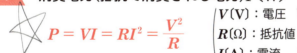

公式 消費電力（抵抗で消費される電力）P〔W〕

$$P = VI = RI^2 = \frac{V^2}{R}$$

V〔V〕：電圧
R〔Ω〕：抵抗値
I〔A〕：電流

抵抗R₂で消費される電力P〔W〕は，$P = RI^2$を用いて，
$$P = 30 \times 0.20^2 = 1.2 \text{〔W〕}$$

 (1) 6.0V　　(2) 0.30A　　(3) 60Ω　　(4) 1.2W

問題 79 抵抗の合成　〈物理基礎〉

次の文中の空欄にあてはまる式または語句を記せ。ただし，電池の内部抵抗や導線の抵抗は無視できるものとする。

R_1〔Ω〕，R_2〔Ω〕の2つの抵抗がある。これらを直列に接続した場合には，合成抵抗は ⑴ 〔Ω〕となり，並列に接続した場合には，合成抵抗は ⑵ 〔Ω〕となる。いま，図のように，R_1〔Ω〕，R_2〔Ω〕，R_3〔Ω〕の3つの抵抗を接続する。このとき，図のab間の合成抵抗は ⑶ 〔Ω〕となる。

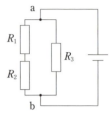

抵抗に電流が流れるときに発生する熱を ⑷ という。図の回路に大きさI〔A〕の電流が1秒間流れるとき，3つの抵抗で発生する ⑷ の和は ⑸ 〔J〕である。

〈北見工業大〉

⑴ 複数の抵抗を1つの抵抗とみなすことを，**抵抗を合成する**といい，その抵抗値を**合成抵抗**という。

公式　抵抗の合成

抵抗値がR_1〔Ω〕とR_2〔Ω〕である2つの抵抗の，合成抵抗をR〔Ω〕とすると，

直列接続：$\boldsymbol{R = R_1 + R_2}$　　並列接続：$\dfrac{1}{\boldsymbol{R}} = \dfrac{1}{\boldsymbol{R_1}} + \dfrac{1}{\boldsymbol{R_2}}$

直列に接続した場合の合成抵抗R〔Ω〕は，
$$R = R_1 + R_2 \,〔Ω〕$$

⑵　並列に接続した場合の合成抵抗R'〔Ω〕は，
$$\dfrac{1}{R'} = \dfrac{1}{R_1} + \dfrac{1}{R_2} = \dfrac{R_1 + R_2}{R_1 R_2}$$

よって，　$R' = \dfrac{R_1 R_2}{R_1 + R_2}$ 〔Ω〕

(3) まず，R_1〔Ω〕とR_2〔Ω〕は直列に接続されているので，合成抵抗は$R_1 + R_2$〔Ω〕になる。これをひとつの抵抗とみなせば，ab間では$R_1 + R_2$〔Ω〕とR_3〔Ω〕の2つの抵抗が並列に接続されていることになる（右図）。これより，合成抵抗R_{ab}〔Ω〕は，

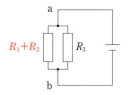

$$\frac{1}{R_{ab}} = \frac{1}{R_1 + R_2} + \frac{1}{R_3} = \frac{R_1 + R_2 + R_3}{(R_1 + R_2)R_3}$$

よって，$R_{ab} = \dfrac{(R_1 + R_2)R_3}{R_1 + R_2 + R_3}$〔Ω〕

(4) 抵抗に電流が流れると，熱が発生する。この発生する熱を**ジュール熱**という。

(5) **消費電力**（抵抗で消費される電力）とは，単位時間（1秒）あたりに抵抗で発生するジュール熱のことである。抵抗で発生するジュール熱は，消費電力から求められる。

> **公式　抵抗で発生するジュール熱 Q〔J〕**
> $$Q = Pt \quad (P〔W〕：消費電力 \quad t〔s〕：電流の流れた時間)$$

まず，回路全体の消費電力P〔W〕を求めると，

$$P = R_{ab}I^2 = \frac{(R_1 + R_2)R_3}{R_1 + R_2 + R_3}I^2 〔W〕$$

3つの抵抗で発生するジュール熱の和Q〔J〕は，電流の流れた時間が1秒間なので，

$$Q = P \times 1 = \frac{(R_1 + R_2)R_3}{R_1 + R_2 + R_3}I^2 〔J〕$$

注 消費電力の単位〔W〕は，〔J/s〕と表すこともできる。

答 (1) $R_1 + R_2$　(2) $\dfrac{R_1 R_2}{R_1 + R_2}$　(3) $\dfrac{(R_1 + R_2)R_3}{R_1 + R_2 + R_3}$　(4) ジュール熱
(5) $\dfrac{(R_1 + R_2)R_3}{R_1 + R_2 + R_3}I^2$

問題 80 キルヒホッフの法則

図のような直流回路を考える。ただし、電流の向きは矢印の向きを正とし、電池の内部抵抗は無視する。

図のように、起電力 E_1〔V〕の電池1，起電力 E_2〔V〕の電池2，抵抗値 r〔Ω〕の抵抗3つからなる回路がある。それぞれの抵抗には電流 I_1〔A〕，I_2〔A〕，I_3〔A〕が流れている。電流 I_1，I_2，I_3 を求めてみよう。

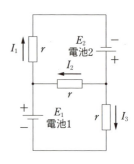

(1) I_1，I_2，I_3 の間に成り立つ関係は，$I_1 = $ ［ア］ となる。［ア］の中に適切な式を入れよ。

(2) E_1，I_2，I_3 の間に成り立つ関係は $E_1 = $ ［イ］ となる。さらに，E_2，I_1，I_2 の間に成り立つ関係は $E_2 = $ ［ウ］ となる。［イ］と［ウ］の中に適切な式を入れよ。I_1，I_2，I_3，r のうちの必要なものを用いて表せ。

(3) I_1，I_2，I_3 を求めよ。E_1，E_2，r のうちの必要なものを用いて表せ。

〈大阪大〉

(1) 回路を流れる電流について、次のことがいえる。

公式 キルヒホッフの第一法則
回路の分岐点で，（流れ込む電流の和）＝（流れ出る電流の和）

(ア) 電流 I_1〔A〕，I_2〔A〕，I_3〔A〕の分岐点を見つけて，これらの間に成り立つ関係を考えよう。右図の b 点に着目すると，流れ込む電流は I_1，流れ出る電流は I_2 と I_3 なので，

$$I_1 = I_2 + I_3 \quad \cdots\cdots ①$$

ちなみに，e 点に着目した場合には，流れ込む電流は I_2 と I_3，流れ出る電流は I_1 なので，

$$I_2 + I_3 = I_1$$

となり，どちらの分岐点で考えても同じ関係が導かれる。

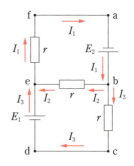

(2) 回路の中の電圧（電位差）について，次のことがいえる。

> **公式　キルヒホッフの第二法則**
> 任意の閉回路で，
> 　　　（電池の起電力の和）＝（抵抗での電圧降下の和）
> ※　1周する経路と向きを自分で決めて，
> 　起電力 ⟶ 決めた向きに電流を流そうとするときが正，逆向きが負
> 　電圧降下 ⟶ 決めた向きに電流が流れるときが正，逆向きが負

(イ) d→e→b→c→d を1周とする経路に着目しよう（右図）。電池1による起電力は E_1〔V〕であり，電流 I_3 が流れる抵抗の電圧降下は rI_3〔V〕である。電流 I_2 が流れる抵抗は，電流が決めた向きと逆向きに流れるので，電圧降下は負であり $-rI_2$〔V〕となる。したがって，求める関係は，
$$E_1 = -rI_2 + rI_3 \quad \cdots\cdots ②$$

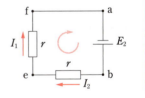

(ウ) a→b→e→f→a を1周とする経路に着目しよう（右図）。電池2による起電力は E_2〔V〕であり，抵抗による電圧降下は rI_1〔V〕と rI_2〔V〕である。したがって，求める関係は，
$$E_2 = rI_1 + rI_2 \quad \cdots\cdots ③$$

(3) ①，②，③式より，
$$I_1 = \frac{E_1 + 2E_2}{3r} 〔A〕, \quad I_2 = \frac{E_2 - E_1}{3r} 〔A〕, \quad I_3 = \frac{2E_1 + E_2}{3r} 〔A〕$$

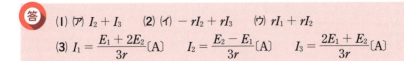

21. 直流回路　165

問題 81 電流計・電圧計　物理

内部抵抗を無視できる起電力 V [V] の電池に，R [Ω] の抵抗を接続する。抵抗に流れる電流と抵抗の両端の電位差（電圧）を同時に測定しようとすると，電流計Ⓐと電圧計Ⓥを接続する方法には図1と図2に示す2つがある。図1ではⓋは9.756V，Ⓐは24.4mAを，図2ではⓋは10.000V，Ⓐは19.6mAを示した。有効数字2桁で答えよ。

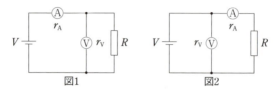

(1) 電池の起電力 V はいくらか。
(2) 電流計の内部抵抗 r_A [Ω] はいくらか。
(3) R はいくらか。
(4) 電圧計の内部抵抗 r_V [Ω] はいくらか。

〈三重大〉

(1) 回路中に電流計，電圧計が接続されていて，その内部抵抗を考慮する場合は，次のように考えればよい。

Point
電流計・電圧計をそれぞれひとつの抵抗とみなし，これに流れる電流・かかる電圧が測定されると考える。

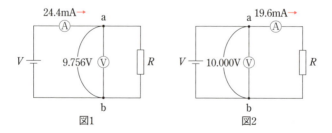

図2の回路に着目する。電池の起電力 V [V] は，電圧計Ⓥにかかる電圧に等しいので，

$$V = 10.000 = 1.0 \times 10 〔V〕$$

(2) 図1の回路に着目する。電流計Ⓐにかかる電圧をV_{A1}〔V〕とする。電圧計Ⓥにかかる電圧が9.756Vなので，キルヒホッフの第二法則より，
$$10.000 = V_{A1} + 9.756 \quad よって， \quad V_{A1} = 0.244 〔V〕$$
電流計Ⓐについて，流れる電流が24.4mA($= 24.4 \times 10^{-3}$A)なので，オームの法則より，
$$r_A = \frac{0.244}{24.4 \times 10^{-3}} = 10.0 = 1.0 \times 10 〔Ω〕$$

(3) 図2の回路に着目する。電流計Ⓐにかかる電圧をV_{A2}〔V〕とする。流れる電流が19.6mA($= 19.6 \times 10^{-3}$A)なので，オームの法則より，
$$V_{A2} = r_A \times 19.6 \times 10^{-3} = 10.0 \times 19.6 \times 10^{-3} = 0.196 〔V〕$$
抵抗にかかる電圧をV_{R2}〔V〕とすると，キルヒホッフの第二法則より，
$$10.000 = 0.196 + V_{R2} \quad よって， \quad V_{R2} = 9.804 〔V〕$$
したがって，オームの法則より，
$$R = \frac{9.804}{19.6 \times 10^{-3}} ≒ 500 = 5.0 \times 10^2 〔Ω〕$$

(4) 図1の回路に着目する。抵抗に流れる電流をI_{R1}〔A〕とすると，オームの法則より，
$$I_{R1} = \frac{9.756}{500} ≒ 0.0195 〔A〕$$
電圧計Ⓥに流れる電流をI_{V1}〔A〕とすると，キルヒホッフの第一法則より，
$$24.4 \times 10^{-3} = I_{V1} + 0.0195 \quad よって， \quad I_{V1} = 0.0049 〔A〕$$
したがって，オームの法則より，
$$r_V = \frac{9.756}{0.0049} ≒ 2.0 \times 10^3 〔Ω〕$$

(1) $V = 1.0 \times 10 〔V〕$　　(2) $r_A = 1.0 \times 10 〔Ω〕$　　(3) $R = 5.0 \times 10^2 〔Ω〕$
(4) $r_V = 2.0 \times 10^3 〔Ω〕$

21. 直流回路

ホイートストンブリッジ回路

物理

値が正確にわかっている抵抗R_1，R_2と，精密に抵抗値を変えることができる可変抵抗R_3，および高い感度の検流計Gを使って，未知の抵抗Rの抵抗値を正確に測定できる図のような回路を，ホイートストンブリッジ回路という。それぞれの抵抗値をR_1〔Ω〕，R_2〔Ω〕，R_3〔Ω〕およびR〔Ω〕とする。Eは内部抵抗が無視できる起電力E〔V〕の電池である。スイッチSを閉じて回路に電流を流す。このとき可変抵抗の値R_3を調節して，検流計Gに電流が流れないようにする。

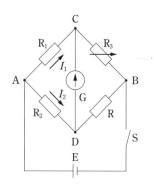

(1) 抵抗R_1，R_2に流れる電流をそれぞれI_1〔A〕，I_2〔A〕とする。Gの両端C，Dは等電位であるから，$V_{AC} = V_{AD}$および$V_{CB} = V_{DB}$が成り立っている。この両式を電流I_1，I_2と抵抗値R_1，R_2，R_3およびRを用いて表せ。ただし，Vの添え字，例えばV_{AC}は端点AとCの間の電位差を表す。

(2) 未知の抵抗の値RをR_1，R_2，R_3を用いて表せ。

(3) $R_1 = 10.0$〔Ω〕，$R_2 = 16.0$〔Ω〕，$R_3 = 25.0$〔Ω〕としたとき，検流計Gに電流が流れないとする。抵抗Rの値を有効数字3桁で求めよ。

〈東海大〉

(1) それぞれの抵抗について，オームの法則を考えよう。AC間では抵抗R_1〔Ω〕に電流I_1〔A〕が流れており，AD間では抵抗R_2〔Ω〕に電流I_2〔A〕が流れているので，

$$V_{AC} = R_1 I_1, \quad V_{AD} = R_2 I_2$$

よって，$V_{AC} = V_{AD}$より，

$$R_1 I_1 = R_2 I_2 \quad \cdots\cdots ①$$

また，CD間には電流が流れていないので，CB間にはAC間と同じ電流が，DB間にはAD間と同じ電流が流れることがわかる。CB間では抵抗R_3〔Ω〕に電流I_1〔A〕が流れており，DB間では抵抗R〔Ω〕に電流I_2〔A〕が流れているので，

$$V_{CB} = R_3 I_1, \quad V_{DB} = R I_2$$

よって，$V_{CB} = V_{DB}$より，

$$R_3 I_1 = R I_2 \quad \cdots\cdots ②$$

168

(2) ①式より，

$$\frac{I_2}{I_1} = \frac{R_1}{R_2}$$

②式より，

$$\frac{I_2}{I_1} = \frac{R_3}{R}$$

$\frac{I_2}{I_1}$ が共通なので，

$$\frac{R_1}{R_2} = \frac{R_3}{R} \quad \text{よって，} \quad R = \frac{R_2 R_3}{R_1} [\Omega] \quad \cdots\cdots ③$$

この結果は，次のように覚えておこう。

公式　ホイートストンブリッジ回路

検流計Gに電流が流れないとき，上下の抵抗値の比の値が，左右で等しい。

$$\longrightarrow \frac{R_1}{R_2} = \frac{R_3}{R_4}$$

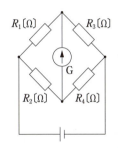

---

(3) ③式に $R_1 = 10.0 [\Omega]$, $R_2 = 16.0 [\Omega]$, $R_3 = 25.0 [\Omega]$ を代入して，

$$R = \frac{16.0 \times 25.0}{10.0} = 40.0 [\Omega]$$

答　(1) $V_{AC} = V_{AD} : R_1 I_1 = R_2 I_2 \quad V_{CB} = V_{DB} : R_3 I_1 = R I_2$
(2) $R = \frac{R_2 R_3}{R_1} [\Omega]$ 　(3) 40.0Ω

非直線抵抗

電球と100Ωの抵抗がある。数値は有効数字2桁で答えよ。

(1) 電球に直流電源を接続して、電球に加える電圧V〔V〕と流れた電流I〔A〕との関係を調べたところ、図1のようになった。この図から、40Vの電圧を加えたときの電球の抵抗値を求めよ。

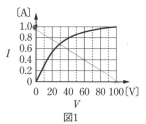

図1

(2) 図2のように、この電球と100Ωの抵抗とを直列につないで、その両端に100Vの直流電源を接続した。

(ア) 図2の回路で、電球にかかる電圧をV〔V〕、流れる電流をI〔A〕として、VとIの間に成り立つ関係を求め、VとIの関係を図1に描け。

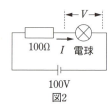

図2

(イ) 電球にかかる電圧Vと流れる電流Iは、図1の関係と(ア)で求めた関係の両方を満足している。実際に電球にかかった電圧と流れた電流を求めよ。

〈神奈川大〉

(1) 電球は抵抗の一種として扱うが、温度の上昇によって抵抗値が変化するため、図1のように、電圧と電流の関係を示すグラフが直線にならない。このような抵抗を**非直線抵抗**(または**非線形抵抗**)という。

電球に$V = 40$〔V〕の電圧を加えたとき、図1のグラフより、$I = 0.80$〔A〕の電流が流れることがわかる。したがって、このときの電球の抵抗値R〔Ω〕は、オームの法則より、

$$R = \frac{V}{I} = \frac{40}{0.80} = 50 \text{〔Ω〕}$$

(2) (ア) 電球と100Ωの抵抗は直列接続されているので、電球にI〔A〕の電流が流れているとき、100Ωの抵抗にもI〔A〕の電流が流れている。このとき、抵抗にかかる電圧は$100I$〔V〕なので、キルヒホッフの第二法則より、

$$100 = 100I + V$$

この関係を式変形すると，

$$I = -\frac{1}{100}V + 1$$

このVとIの関係を図1に描き込めば，下図のような傾きが$-\frac{1}{100}$〔A/V〕，切片が1〔A〕の直線になる。

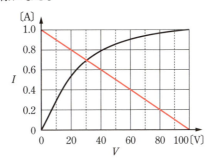

(イ) 電球の抵抗値は一定ではなく，電圧V〔V〕，電流I〔A〕の値によって変化する。そのため，電球を含む回路では，電流I〔A〕(もしくは電圧V〔V〕)だけを文字でおいても解くことができない。そこで，次のように解いていこう。

Point
電球(非直線抵抗)を含む回路では，電球の電圧と電流の両方を文字でおき，キルヒホッフの法則からこれらの関係式をつくる。そして，電流-電圧のグラフを描き込み，与えられたグラフとの交点の値を読み取る。

(ア)より，2つのグラフの交点は電圧が$V = 30$〔V〕，電流が$I = 0.70$〔A〕と読み取ることができる。この値が，実際に電球にかかった電圧と流れた電流になる。

答 (1) 50Ω　(2) (ア) 関係：$100 = 100I + V$　図：解説中の図
(イ) 電圧：30V　電流：0.70A

22. コンデンサー

コンデンサーの電気容量 ①

次の文中の空欄にあてはまる式を記せ。

図のように，極板面積 S〔m²〕，極板間の距離 d〔m〕の平行板コンデンサーに，電圧 V〔V〕を加えて Q〔C〕の電荷を蓄えたとする。このとき，極板間の電気力線の総数は真空の誘電率 ε_0〔F/m〕を用

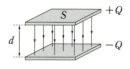

いて ⑴ 〔本〕と表される。これより，コンデンサーの極板間の電場の強さを E〔N/C〕とすると，E は ⑵ 〔N/C〕となる。ただし，極板間には一様な電場ができるものとする。一方，電場の強さ E は電圧 V を用いて ⑶ 〔N/C〕と表されるので，⑵と⑶から電荷 Q は ⑷ 〔C〕となる。電荷 Q は電圧 V に比例し，比例定数である電気容量 C〔F〕は ⑸ 〔F〕と表される。

〈甲南大〉

⑴ 電場のようすを表すために**電気力線**が用いられ，次のように描く。

公式　電気力線

- $+Q$〔C〕の正電荷から $\dfrac{Q}{\varepsilon_0}$〔本〕出る
- $-Q$〔C〕の負電荷に $\dfrac{Q}{\varepsilon_0}$〔本〕入る

（ε_0〔F/m〕：真空の誘電率）

電荷 $+Q$〔C〕の極板からは $\dfrac{Q}{\varepsilon_0}$〔本〕の電気力線が出ており，半分は上面から上向きに，半分は下面から下向きに，極板面に垂直に出ている。一方，電荷 $-Q$〔C〕の極板には $\dfrac{Q}{\varepsilon_0}$ 本の電気力線が入り，半分は上面に下向きに，半分は下面に上向きに，極板面に垂直に入る（右図）。結局，極板間の電気力線の総数 N は，下向きに，

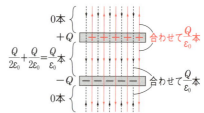

$$N = \frac{Q}{2\varepsilon_0} + \frac{Q}{2\varepsilon_0} = \frac{Q}{\varepsilon_0} \text{[本]}$$

ちなみに，$+Q$〔C〕の極板の上側と，$-Q$〔C〕の極板の下側は，逆向きに同じ本数の電気力線があるので，総数は0である。

(2) 電場の向きは電気力線（の接線）の向きに一致し，強さは次のようになる。

> ## Point
> 電場の強さE〔N/C〕は，単位面積(1m^2)の断面を貫く電気力線の本数に等しい。

極板間では，面積S〔m^2〕の断面を$N = \dfrac{Q}{\varepsilon_0}$〔本〕の電気力線が貫いているので，電場の強さ$E$〔N/C〕($=$〔V/m〕)は，

$$E = \frac{N}{S} = \frac{Q}{\varepsilon_0 S} \text{[N/C]} \quad \cdots\cdots ①$$

(3) 極板間の電圧（電位差）はV〔V〕であり，極板間の距離がd〔m〕なので，

$$E = \frac{V}{d} \text{[N/C]} \quad \cdots\cdots ②$$

(4) ①，②式より，

$$\frac{Q}{\varepsilon_0 S} = \frac{V}{d} \quad \text{よって，} \quad Q = \frac{\varepsilon_0 S}{d} V \text{[C]} \quad \cdots\cdots ③$$

(5) ③式を$Q = CV$と比較して，$\quad C = \dfrac{\varepsilon_0 S}{d}$〔F〕

公式 **平行板コンデンサーの電気容量 C〔F〕**

$$C = \varepsilon \frac{S}{d} \quad \left(\begin{array}{ll} \varepsilon \text{〔F/m〕：誘電率} & S \text{〔m^2〕：極板面積} \\ d \text{〔m〕：極板間隔} \end{array} \right)$$

答 (1) $\dfrac{Q}{\varepsilon_0}$ (2) $\dfrac{Q}{\varepsilon_0 S}$ (3) $\dfrac{V}{d}$ (4) $\dfrac{\varepsilon_0 S}{d} V$ (5) $\dfrac{\varepsilon_0 S}{d}$

第4章 電気

22. コンデンサー　173

問題 85 コンデンサーの電気容量 ②

次の文中の空欄にあてはまる式または数値を記せ。

図のように，電圧 V (V) の直流電源にスイッチと電気容量 C (F) の平行板コンデンサーが直列に接続されている。平行板コンデンサーは2枚の金属の薄い平板(極板)で構成され，極板は距離 d (m) で空気中に平行に置かれている。また，極板は十分に広く，電荷は一様に分布しているものとする。

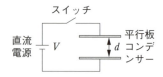

スイッチを閉じ，十分に時間が経過すると，コンデンサーに蓄えられる静電エネルギー U (J) は ① (J) となる。次に，スイッチを開いた後，d を2倍にすると，コンデンサーの電気容量は C の ② 倍となり，電圧は V の ③ 倍となるので，静電エネルギーは U の ④ 倍となる。一方，スイッチを閉じたまま d を2倍にすると，コンデンサーの電圧は電源電圧と同じなので，静電エネルギーは U の ⑤ 倍となり減少する。

〈秋田大〉

解説

(1) コンデンサーに蓄えられるエネルギーを**静電エネルギー**という。

 静電エネルギー U (J)

$$U = \frac{1}{2}QV = \frac{1}{2}CV^2 = \frac{Q^2}{2C}$$

$\begin{pmatrix} Q(\text{C}): 蓄えられる電気量 \\ C(\text{F}): 電気容量 \\ V(\text{V}): 極板間の電圧 \end{pmatrix}$

コンデンサーの電圧は，直流電源の電圧と同じ V (V) である。よって，蓄えられる静電エネルギー U (J) は，

$$U = \frac{1}{2}CV^2 \text{ (J)}$$

(2) 平行板コンデンサーの電気容量は，極板間隔に反比例するので(→p.173)，極板間隔 d を2倍にすると電気容量は $\frac{1}{2}$ 倍になる。

(3) まずは，コンデンサーの基本知識として，次の関係を確認しておこう。

> **公式　コンデンサーに蓄えられる電気量 Q〔C〕**
> $$Q = CV \quad (C〔\mathrm{F}〕：電気容量 \quad V〔\mathrm{V}〕：極板間の電圧)$$
> ※　電位の高い方の極板に $+Q$〔C〕が，電位の低い方の極板に $-Q$〔C〕が蓄えられる。

次に，スイッチの開閉による変化の違いをおさえておこう。

> **Point**
> スイッチを閉じている　⟶　コンデンサーの電圧は変わらない。
> スイッチを開いている　⟶　コンデンサーの電気量(電荷)は変わらない。

スイッチを開いたので，コンデンサーに蓄えられている電気量は，スイッチを開く前に蓄えられていた CV〔C〕のままである。電気容量が $\frac{1}{2}C$〔F〕になるので，このときの電圧を V'〔V〕とすると，$CV = \frac{1}{2}C \cdot V'$ より，

$$V' = \frac{CV}{\frac{1}{2}C} = 2V〔\mathrm{V}〕 \quad \text{よって，2倍となる。}$$

(4) このときの静電エネルギーを U'〔J〕とすると，
$$U' = \frac{1}{2} \cdot \frac{1}{2}C \cdot (2V)^2 = CV^2〔\mathrm{J}〕(= 2U) \quad \text{よって，2倍となる。}$$

(5) 電圧は V〔V〕のままで，電気容量が $\frac{1}{2}C$〔F〕になるので，このときの静電エネルギーを U''〔J〕とすると，
$$U'' = \frac{1}{2} \cdot \frac{1}{2}C \cdot V^2 = \frac{1}{4}CV^2〔\mathrm{J}〕\left(= \frac{1}{2}U\right) \quad \text{よって，}\frac{1}{2}\text{倍となる。}$$

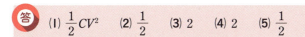

答　(1) $\frac{1}{2}CV^2$　(2) $\frac{1}{2}$　(3) 2　(4) 2　(5) $\frac{1}{2}$

コンデンサーの極板間引力

次の文中の空欄にあてはまる式を記せ。

図のように、真空中に面積が S[m²] の同じ形をした二枚の薄い導体板を平行に置き、その間隔を変化させることができるコンデンサーを作製した。はじめに、このコンデンサーの極板間隔を d[m] に固定し、電位差 V[V] で充電した。コンデンサーの極板は十分に広く、極板間隔は常に十分に狭いものとし、真空の誘電率を ε_0[F/m] とする。

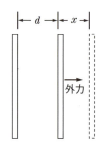

このコンデンサーの電気容量は [(1)] [F] であり、コンデンサーに蓄えられている静電エネルギーは [(2)] [J] である。ここで、コンデンサーに蓄えられている電荷が変化しないようにしながら、コンデンサーの極板を一定の大きさの外力によりゆっくり移動させて間隔を x[m] 広げた。これにより、コンデンサーに蓄えられている静電エネルギーは [(3)] [J] だけ増加した。増加したエネルギーは外力が行った仕事によるものと考えられ、このことから極板が電場から受ける力は [(4)] [N] であることがわかる。

〈東海大〉

(1) このコンデンサーの電気容量 C[F] は、

$$C = \frac{\varepsilon_0 S}{d} \text{[F]}$$

(2) コンデンサーに蓄えられている静電エネルギー U[J] は、

$$U = \frac{1}{2}CV^2 = \frac{\varepsilon_0 S V^2}{2d} \text{[J]}$$

また、コンデンサーの問題では、蓄えられている電荷(電気量)を用いて解いていくことが多いので(例えば、電気量保存の法則)、設問で問われていなくても、電荷をあらかじめ求めておくとよい。このとき、蓄えられている電荷 Q[C] は、

$$Q = CV = \frac{\varepsilon_0 S V}{d} \text{[C]}$$

(3) 極板の間隔を x[m] 広げると、極板間隔は $d + x$[m] になる。このときの

電気容量 C'〔F〕は,
$$C' = \frac{\varepsilon_0 S}{d+x} \text{〔F〕}$$

コンデンサーに蓄えられている電荷 Q〔C〕は変化しないので,増加した静電エネルギー ΔU〔J〕は,
$$\Delta U = \frac{Q^2}{2C'} - \frac{Q^2}{2C}$$

Q, C, C' をそれぞれ代入して,
$$\Delta U = \frac{d+x}{2\varepsilon_0 S}\left(\frac{\varepsilon_0 SV}{d}\right)^2 - \frac{d}{2\varepsilon_0 S}\left(\frac{\varepsilon_0 SV}{d}\right)^2 = \frac{\varepsilon_0 SV^2}{2d^2}x \text{〔J〕}$$

(4) コンデンサーの極板どうしは,それぞれ正と負の電荷を蓄えており,互いに引力(静電気力)を及ぼしている。(4)で求める「極板が電場から受ける力」は,この静電気力のことであり,極板の間隔を広げるためには,静電気力に逆らって外力を極板に加える必要がある。また,極板を「ゆっくり移動」させるので,外力 F'〔N〕と静電気力 F〔N〕はつねにつり合っており,同じ大きさである。

この外力は,極板の移動の向きに加えるので,外力は極板に対して正の仕事をすることになる。ここで,次の関係を用いよう。

Point
極板をゆっくり移動させるとき,「極板に加えた外力による仕事 ＝ 静電エネルギーの変化」の関係がある。

外力による仕事は $F'x$〔J〕と表されるので,
$$F'x = \Delta U$$
(3)の結果を用いて,
$$F'x = \frac{\varepsilon_0 SV^2}{2d^2}x \quad \text{よって,} \quad F' = \frac{\varepsilon_0 SV^2}{2d^2} \text{〔N〕}$$

求める静電気力 F は,
$$F = F' = \frac{\varepsilon_0 SV^2}{2d^2} \text{〔N〕}$$

 (1) $\dfrac{\varepsilon_0 S}{d}$ (2) $\dfrac{\varepsilon_0 SV^2}{2d}$ (3) $\dfrac{\varepsilon_0 SV^2}{2d^2}x$ (4) $\dfrac{\varepsilon_0 SV^2}{2d^2}$

問題 87 コンデンサーの合成　物理

図の回路で，最初，スイッチSは開いており，それぞれのコンデンサーの極板に電荷は蓄えられていなかった。コンデンサーC_1，C_2，C_3は，電気容量がC〔F〕の同じ平行板コンデンサーである。Eは起電力V_0〔V〕の電池である。

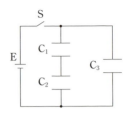

スイッチSを閉じて，十分に時間が経過した。
(1) 回路の合成容量を求めよ。
(2) コンデンサーC_1の極板間の電圧を求めよ。
(3) コンデンサーC_1，C_2，C_3に蓄えられた全静電エネルギーを求めよ。

〈長崎大〉

(1) 複数のコンデンサーを1つのコンデンサーとみなすことを，**コンデンサーを合成する**といい，その電気容量を**合成容量**という。

公式　コンデンサーの合成

電気容量がC_1〔F〕とC_2〔F〕である2つのコンデンサーの，合成容量をC〔F〕とすると，

直列接続：$\dfrac{1}{C} = \dfrac{1}{C_1} + \dfrac{1}{C_2}$　　並列接続：$C = C_1 + C_2$

まず，コンデンサーC_1とC_2の合成容量C_{12}〔F〕を求めよう。C_1とC_2は直列に接続されているので，

$$\dfrac{1}{C_{12}} = \dfrac{1}{C} + \dfrac{1}{C}　　よって，　C_{12} = \dfrac{1}{2}C 〔F〕$$

次に，合成容量C_{12}〔F〕のコンデンサーとコンデンサーC_3が並列に接続されているので，回路全体の合成容量C_0〔F〕は，

$$C_0 = \dfrac{1}{2}C + C　　よって，　C_0 = \dfrac{3}{2}C 〔F〕$$

ここで，次のことに注意しておこう。

> **Point**
> コンデンサーの直列合成は，2つのコンデンサーに蓄えられている電気量が等しい場合にしか使えない。
> ⟶ はじめの電気量がともに0ならば使える。

(2) 各コンデンサーに蓄えられている電気量を考えよう。コンデンサーC_3に蓄えられている電気量をQ_3〔C〕とすると，

$$Q_3 = CV_0 〔\text{C}〕$$

C_1とC_2を合成したコンデンサーに蓄えられている電気量をQ_{12}〔C〕とすると，

$$Q_{12} = C_{12}V_0 = \frac{1}{2}CV_0 〔\text{C}〕$$

最初，C_1，C_2には電荷が蓄えられていなかったので，C_1とC_2に蓄えられる電気量は等しく，それがQ_{12}〔C〕である。コンデンサーC_1の極板間の電圧をV_1〔V〕とすると，$Q_{12} = CV_1$

より，　$V_1 = \dfrac{Q_{12}}{C} = \dfrac{1}{2}V_0 〔\text{V}〕$

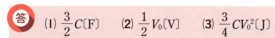

(3) コンデンサーC_1，C_2，C_3に蓄えられた静電エネルギーをそれぞれU_1〔J〕，U_2〔J〕，U_3〔J〕とすると，

$$U_1 = \frac{Q_{12}^2}{2C} = \frac{1}{8}CV_0^2 〔\text{J}〕,\quad U_2 = \frac{Q_{12}^2}{2C} = \frac{1}{8}CV_0^2 〔\text{J}〕$$

$$U_3 = \frac{Q_3^2}{2C} = \frac{1}{2}CV_0^2 〔\text{J}〕$$

したがって，全静電エネルギーU〔J〕は，

$$U = U_1 + U_2 + U_3 = \frac{3}{4}CV_0^2 〔\text{J}〕$$

別解 (1)で求めた合成容量C_0〔F〕を用いてもよい。回路全体に電圧V_0〔V〕がかかっているので，$U = \dfrac{1}{2}C_0V_0^2 = \dfrac{1}{2}\cdot\dfrac{3}{2}C\cdot V_0^2 = \dfrac{3}{4}CV_0^2 〔\text{J}〕$

答 (1) $\dfrac{3}{2}C$〔F〕　(2) $\dfrac{1}{2}V_0$〔V〕　(3) $\dfrac{3}{4}CV_0^2$〔J〕

コンデンサーへの誘電体の挿入

図1のように，2枚の金属板からなる極板間隔 d [m] の平行板コンデンサーが，真空中に置かれている。極板A，Bに与えられた電荷の量は，それぞれ $+Q$ [C] と $-Q$ [C] である。極板の端部周辺の電場の乱れはないものとする。

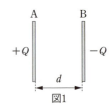
図1

(1) 図2のように，AB間の中央ab間に厚さ $\dfrac{d}{3}$ [m] の帯電していない金属板を，極板A，Bと平行に挿入する。x 軸方向の位置と電場の強さとの関係を示すグラフを下の解答群から選び，(ア)〜(エ)の記号で答えよ。ただし，すべてのグラフの横軸は，図2の x 軸に相当し，縦軸は電場の強さとする。

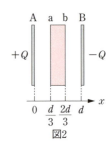
図2

(2) 金属板を極板間から取り出した後，厚さ $\dfrac{d}{3}$ [m] で比誘電率 $\varepsilon_r = 2$ の誘電体板を，同じく図2のようにAB間の中央ab間に極板A，Bと平行に挿入する。この場合の，x 軸方向の位置と電場の強さとの関係を示すグラフを下の解答群から選び，(ア)〜(エ)の記号で答えよ。

(3) 誘電体板を挿入したときのコンデンサーの電気容量は，初期状態（誘電体板を挿入していないとき）の電気容量の何倍になっているか。

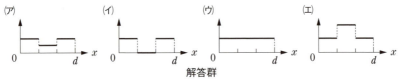

解答群

〈愛媛大〉

解説

(1) 金属板を挿入していない図1のとき，極板Aから極板Bに向かう電気力線がつくられ，極板間には一様な電場 E [N/C] がある（このときのグラフは(ウ)である）。この電場中に金属板を入れると，金属板の中の電荷（自由電子）が移動し，a側に負電荷が，b側に正電荷が現れる（この現象を**静電誘導**という）。そして，金属板内部に電場 E [N/C] とは逆向きの電気力線がつくられ，電場 E [N/C] は打ち消され，金属板内部の電場は0になる（次ページの右上図）。よって，グラフは(イ)となる。ちなみに，極

板A，Bの電荷の量は変化しないので，Aa間，bB間の電場はE〔N/C〕のままである。

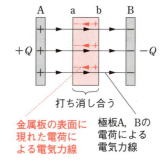

(2) 誘電体板の中でも電場E〔N/C〕によって電荷の移動(偏り)が生じるが(この現象を**誘電分極**という)，電場Eを完全に打ち消すことはできず，誘電体内部の電場は，外部よりも弱められる(0にはならない)。よって，グラフは(ア)となる。

注 比誘電率がε_rの誘電体の場合，誘電体内部の電場の強さは，外部の$\dfrac{1}{\varepsilon_r}$倍になる。

(3) 一部に誘電体板を挿入したコンデンサーの電気容量は，誘電体のある部分とない部分に分けて，コンデンサーの合成をすればよい。

初期状態のコンデンサーの電気容量をC〔F〕とする。Aa間，ab間，bB間の電気容量は，間隔がAB間の$\dfrac{1}{3}$倍なので，いずれも$3C$〔F〕になる(右図)。

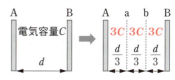

いま，ab間には誘電体があり，次のことに注意しよう。

公式 比誘電率

比誘電率は「真空の誘電率の何倍か」を表す。コンデンサーでは，
(誘電体部分の電気容量)＝(比誘電率)×(真空のときの電気容量)

ab間の電気容量は$\varepsilon_r \times 3C = 2 \times 3C = 6C$〔F〕になるので，極板AB間は，電気容量$3C$〔F〕，$6C$〔F〕，$3C$〔F〕のコンデンサーを直列に接続したものと考えることができる。この合成容量C'〔F〕は，

$$\dfrac{1}{C'} = \dfrac{1}{3C} + \dfrac{1}{6C} + \dfrac{1}{3C} \quad \text{よって，} \quad C' = \dfrac{6}{5}C \text{〔F〕}$$

したがって，初期状態の$\dfrac{6}{5}$倍になる。

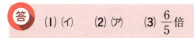

答 (1) (イ)　(2) (ア)　(3) $\dfrac{6}{5}$倍

問題 89 電気量保存の法則 ①　　物理

起電力が30Vの電池，電気容量がそれぞれ$1.0\,\mu F$，$2.0\,\mu F$，$3.0\,\mu F$のコンデンサーC_1，C_2，C_3およびスイッチS_1，S_2からなる図のような回路がある。はじめ，S_1とS_2は開いており，どのコンデンサーにも電荷は蓄えられていない。有効数字2桁で答えよ。

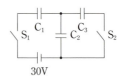

(1) まず，S_1を閉じ，十分に時間がたった。C_1に蓄えられる電荷は何μCか。
(2) 続いて，S_1を開いてからS_2を閉じ，十分に時間がたった。C_2に蓄えられる電荷は何μCか。

〈千葉工業大〉

解説

(1) スイッチS_2は開いたままなので，コンデンサーC_3には電荷が蓄えられない。ここでは，電池とコンデンサーC_1，C_2が直列に接続されている回路を考えよう（右図）。

コンデンサーC_1とC_2の合成容量を$C_{12}\,[\mu F]$とすると，

$$\frac{1}{C_{12}} = \frac{1}{1.0} + \frac{1}{2.0}$$

よって，　$C_{12} = \frac{2.0}{3.0}\,[\mu F]$

C_1に蓄えられる電荷を$Q_1\,[\mu C]$とすると，C_1とC_2を合成したコンデンサーに蓄えられる電荷と等しいので，

$$Q_1 = \frac{2.0}{3.0} \times 30 = 20\,[\mu C]$$

ちなみに，C_2に蓄えられる電荷も$20\,\mu C$である。
ここで，あらためて次のことを確認しておこう。

Point

コンデンサーの向かい合う2枚の極板には，必ず同じ大きさで逆符号の電荷が蓄えられる。
・電位の高い方の極板　⟶　正の電荷
・電位の低い方の極板　⟶　負の電荷

これより，前ページの右上図の極板aとcには＋20μC，bとdには－20μC
の電荷があることがわかる。

注　$1\mu F = 10^{-6} F$，$1\mu C = 10^{-6} C$ である。

(2)　スイッチS_1を開くと，極板aが孤立し，極板aの電荷が$20\mu C$に固定される。これによって，極板bの電荷も$-20\mu C$に固定される（右図）。

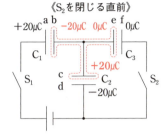

《S_2を閉じる直前》

次に，スイッチS_2を閉じると，コンデンサーC_2からコンデンサーC_3へ電荷の移動がおこり，極板e，fも電荷を蓄えることになる。ここで，右上図の点線で囲まれた部分に着目して，次のことを考えよう。

> **Point**　電気量保存の法則（電荷保存の法則）
> 孤立部分（まわりから電気的に切り離された部分）の電気量の和は変化しない。

十分に時間がたち，電荷の移動が終わると，極板cとe，dとfはそれぞれ同じ電位になり，コンデンサーC_2とC_3にかかる電圧（電位差）も等しくなる。この電圧をV〔V〕とすると，右図のように，C_2，C_3にはそれぞれ$2.0V$〔μC〕と$3.0V$〔μC〕の電荷が蓄えられる（右図は，状況をわ

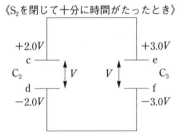

《S_2を閉じて十分に時間がたったとき》

かりやすくするために，コンデンサーC_3の位置をずらして描いた）。ここで，極板cとeに着目して，電気量保存の法則を適用しよう。

スイッチS_2を閉じる直前，極板cとeの電荷はそれぞれ＋20μCと0μCだったので，

$$+20 + 0 = +2.0V + 3.0V \quad \text{よって，} \quad V = 4.0 \text{〔V〕}$$

したがって，コンデンサーC_2に蓄えられる電荷Q_2〔μC〕は，

$$Q_2 = 2.0V = 2.0 \times 4.0 = 8.0 \text{〔μC〕}$$

 (1) $20\mu C$　(2) $8.0\mu C$

問題 90 電気量保存の法則 ②　　物理

次の文中の空欄にあてはまる式を記せ。

図のように，電圧 V [V] の電池 E_1 と E_2，電気容量 C [F] のコンデンサー C_1 と C_2，およびスイッチ S_1 と S_2 を接続する。はじめ，スイッチは開いた状態であり，コンデンサーは電荷を蓄えていないものとして，次の操作Ⅰから Ⅲ を順に行う。

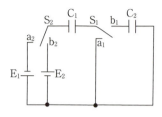

操作Ⅰ　スイッチ S_1 を a_1，スイッチ S_2 を a_2 に順に接続した。コンデンサー C_1 の右側の極板に蓄えられる電荷は，$Q = $ □(1)□ [C] である。

操作Ⅱ　スイッチ S_1 を b_1，スイッチ S_2 を b_2 に順に接続した。このとき，コンデンサー C_1 の右側の極板および，C_2 の左側の極板に蓄えられている電荷をそれぞれ Q_1，Q_2 とすると，$Q = Q_1 + Q_2$ である。一方，キルヒホッフの第二法則より，V を Q_1，Q_2，C で表すと，$V = $ □(2)□ [V] である。Q_1，Q_2 を C，V を用いて表すと，$Q_1 = $ □(3)□ [C]，$Q_2 = $ □(4)□ [C] である。

操作Ⅲ　スイッチ S_1 を a_1，スイッチ S_2 を a_2 に順に接続したあと，スイッチ S_1 を b_1，スイッチ S_2 を b_2 に順に接続した。コンデンサー C_1 の右側の極板に蓄えられている電荷を C，V を用いて表すと，□(5)□ [C] であり，コンデンサー C_2 の左側の極板に蓄えられている電荷を C，V を用いて表すと，□(6)□ [C] である。

〈愛媛大〉

(1) このとき，右側の極板には正の電荷が蓄えられている。コンデンサー C_1 にかかる電圧は V [V] なので，蓄えられる電荷 Q [C] は，$Q = CV$ [C]

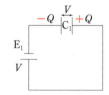

注　時間について指示がない場合は，十分に時間が経過したときを答える。

(2) スイッチを切り替える前，C_1 の右側の極板および C_2 の左側の極板に蓄えられている電荷は，それぞれ $Q = CV$ [C]，0 [C] である。スイッチを切り替えると，電荷が移動し，それぞれ Q_1 [C]，Q_2 [C] となる。Q_1 と Q_2 を正と仮定して，向かい合う C_1 の左側の極板と C_2 の右側の極板に蓄えられている電

荷をそれぞれ $-Q_1$, $-Q_2$と書いておこう。ここで，C_1について見てみると，電圧は$\frac{Q_1}{C}$〔V〕で，右側の極板が正，左側の極板が負の電荷なので，右側の極板の方が電位が高いことになる。「電圧降下」は電位が下がる場合が正になるので，時計回りに正の向きをとると，C_1の電圧降下は負となる。キルヒホッフの第二法則は，

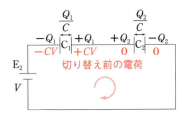

$$V = -\frac{Q_1}{C} + \frac{Q_2}{C} \text{〔V〕} \quad \cdots\cdots ①$$

(3)(4) 問題文にあるように，C_1の右側の極板とC_2の左側の極板について，電気量保存の法則の式を立てると，$CV = Q_1 + Q_2$ ……②
①, ②式より, $Q_1 = 0$〔C〕, $Q_2 = CV$〔C〕

(5)(6) (2)～(4)と同じ手順で解いていこう。まず，スイッチをa_1, a_2に接続すると，回路から離れたC_2は電荷CV〔C〕のままで，C_1は充電されて(1)と同じCV〔C〕が蓄えられる。スイッチをb_1, b_2に接続したあとについて，C_1の右側の極板とC_2の左側の極板の電荷をそれぞれ$+Q_1'$〔C〕，$+Q_2'$〔C〕とおこう。電気量保存の法則の式は， $2CV = Q_1' + Q_2'$ ……③

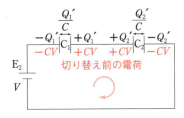

キルヒホッフの第二法則の式は，$V = -\frac{Q_1'}{C} + \frac{Q_2'}{C}$ ……④

③, ④式より， $Q_1' = \frac{1}{2}CV$〔C〕, $Q_2' = \frac{3}{2}CV$〔C〕

> **Point**
> コンデンサー回路の問題は，極板の電荷を文字においで，電気量保存の法則の式とキルヒホッフの第二法則の式を立てて，連立する。

答 (1) CV　(2) $-\frac{Q_1}{C} + \frac{Q_2}{C}$　(3) 0　(4) CV　(5) $\frac{1}{2}CV$　(6) $\frac{3}{2}CV$

問題 91 コンデンサーへの充電過程

図のように，電池E(起電力はV(V))，抵抗R(抵抗値はR(Ω))，コンデンサーC(電気容量はC(F))およびスイッチSからなる回路がある。はじめ，スイッチSは開かれており，コンデンサーCに電荷がなかったものとする。電池の内部抵抗は無視できるものとする。次の文中の空欄にあてはまる式または数値を記せ。式は，V，R，Cの中から必要な文字を用いて表せ。

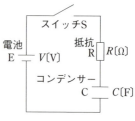

(1) スイッチSを閉じた直後に抵抗Rを流れる電流の強さI_1は ア (A)である。

(2) スイッチSを閉じて十分に時間が経過した後，抵抗Rを流れる電流の強さI_2は イ (A)である。また，このときのコンデンサーCに蓄えられた電気量Qは ウ (C)，静電エネルギーUは エ (J)と表される。

(3) スイッチSを閉じた直後から十分に時間が経過するまでに，電池Eがした仕事W_1は オ (J)と表される。この間に，抵抗Rで発生したジュール熱W_2は カ (J)と表される。

〈九州工業大〉

 解説

(1) ⑦ スイッチSを閉じた直後，コンデンサーCに蓄えられる電気量は0である。そのため，コンデンサーCには電圧がかからず，電池Eの起電力V(V)はすべて抵抗Rにかかる。よって，電流の強さI_1(A)は，

$$I_1 = \frac{V}{R} \text{(A)}$$

(2) ⑦ スイッチSを閉じて十分に時間が経過すると，コンデンサーの充電が完了し，電荷の移動がなくなる。コンデンサーCに電流が流れ込まなくなるので，抵抗Rにも電流は流れない。よって，電流の強さI_2(A)は，

$$I_2 = 0 \text{(A)}$$

ここまでのコンデンサーの扱いを，まとめておこう。

> **Point**
> スイッチを閉じた直後 ⟶ コンデンサーは導線とみなす（電圧0）
> スイッチを閉じて十分に時間が経過した後
>   ⟶ コンデンサーは開かれたスイッチとみなす（電流0）

(ウ) 抵抗Rを流れる電流が0なので，抵抗Rには電圧がかからず，電池Eの起電力V〔V〕はすべてコンデンサーCにかかる。よって，コンデンサーCに蓄えられた電気量Q〔C〕は，　$Q = CV$〔C〕

(エ) 静電エネルギーU〔J〕は，　$U = \dfrac{1}{2}CV^2$〔J〕

(3) (オ) 電池がした仕事W_1〔J〕は，次の式で求められる。

> **公式　電池がした仕事**
> （電池がした仕事）＝（通過した電荷）×（電池の起電力）

コンデンサーCが$Q(=CV)$〔C〕の電荷を蓄えたので，電池EをQ〔C〕の電荷が通過したことがわかる。よって，
$$W_1 = QV = CV^2 \text{〔J〕}$$

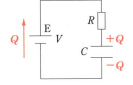

(カ) エネルギー保存の法則から，次の式が成り立つ。

> **Point**
> （電池がした仕事）＝（抵抗で発生したジュール熱）
>   ＋（コンデンサーの蓄えた静電エネルギー）

抵抗Rで発生したジュール熱W_2〔J〕は，$W_1 = W_2 + U$より，
$$W_2 = W_1 - U = CV^2 - \dfrac{1}{2}CV^2 = \dfrac{1}{2}CV^2 \text{〔J〕}$$

答 (1) (ア) $\dfrac{V}{R}$　(2) (イ) 0　(ウ) CV　(エ) $\dfrac{1}{2}CV^2$
(3) (オ) CV^2　(カ) $\dfrac{1}{2}CV^2$

問題 92 コンデンサーを含む直流回路

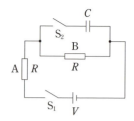

図のように，同じ抵抗値 R〔Ω〕の電気抵抗 A, B, 電気容量 C〔F〕のコンデンサー，スイッチ S_1, S_2 および電圧 V〔V〕の電池からなる回路がある。最初，コンデンサーには電荷は蓄えられていないものとする。

(1) S_1 を閉じたとき，A に電流 I_A〔A〕が流れた。I_A はいくらか。

(2) その後，S_2 を閉じた。この直後に抵抗 B に電流が流れるか流れないか。

(3) S_2 を閉じて十分に時間が経過したとき，コンデンサーに電気量 Q〔C〕が蓄えられた。Q はいくらか。

(4) その後，S_1 を開いた。十分に時間が経過するまでに，抵抗 B でジュール熱 W〔J〕が発生した。W はいくらか。

〈岡山理科大〉

 解説

(1) スイッチ S_2 は開いたままで，スイッチ S_1 を閉じたので，抵抗 A と B が直列に接続されている回路とみなすことができる。抵抗 A と B には，ともに電流 I_A〔A〕が流れているので，

$$I_A = \frac{V}{R+R} = \frac{V}{2R} \text{〔A〕}$$

(2) 抵抗 B に電流が流れるためには，両端に電圧（電位差）が必要になる。S_2 を閉じると，抵抗 B とコンデンサーは並列に接続されていることになるが，次のことに注意しよう。

Point
抵抗とコンデンサーを含む回路では，電流の流れている部分を見抜き，その部分から考え始める。

S_2 を閉じた直後，コンデンサーには電荷は蓄えられておらず，コンデンサーの両端にかかる電圧は 0 である。そのため，抵抗 B にも電圧がかからないので，抵抗 B には電流が流れない。

S₂を閉じた直後は，右図のように，抵抗Aを流れる電流$I\left(=\dfrac{V}{R}\right)$〔A〕のすべてが，そのままコンデンサーに流れ込む。

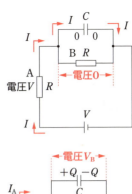

(3)　コンデンサーに蓄えられる電気量を求めるために，両端にかかる電圧を考えよう。S₂を閉じて十分に時間が経過すると，コンデンサーの充電が完了し，コンデンサーには電流が流れなくなる。そのため，右図のように，抵抗Aを流れる電流のすべてが，そのまま抵抗Bに流れる。抵抗AとBは直列に接続されているので，(1)と同様に，流れる電流は$I_A\left(=\dfrac{V}{2R}\right)$〔A〕になる。抵抗Bの両端にかかる電圧$V_B$〔V〕は，

$$V_B = RI_A = \dfrac{1}{2}V \text{〔V〕}$$

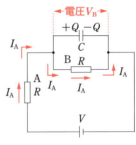

コンデンサーの両端にかかる電圧もV_B〔V〕なので，コンデンサーに蓄えられた電気量Q〔C〕は，

$$Q = CV_B = \dfrac{1}{2}CV \text{〔C〕}$$

(4)　S₁を開くと，コンデンサーと抵抗Bのみの回路とみなすことができる。コンデンサーに蓄えられていた電荷は抵抗Bを通って移動し(抵抗Bには右向きに電流が流れる)，十分に時間が経過すると，コンデンサーに蓄えられる電気量は0になる。エネルギー保存の法則から，コンデンサーの静電エネルギーの減少量が，抵抗Bで発生したジュール熱W〔J〕に等しいので，

$$W = \dfrac{Q^2}{2C} = \dfrac{1}{8}CV^2 \text{〔J〕}$$

答　(1) $I_A = \dfrac{V}{2R}$〔A〕　(2) 流れない　(3) $Q = \dfrac{1}{2}CV$〔C〕
　　(4) $W = \dfrac{1}{8}CV^2$〔J〕

第5章 磁 気

23. 電流と磁場

電流と磁場 ①　　　　　　　　　　　　　　　物理

次の文中の空欄にあてはまる式または語句を記せ。

真空中に十分に長い2本の平行な導線A，Bが，紙面に垂直に並んで固定されている。紙面上に x-y 座標を導入する。座標の単位は〔m〕である。Aは点 $(a, 0)$ を，Bは点 $(-a, 0)$ を通っている $(a > 0)$。Aに紙面の裏から表の向きに強さ I〔A〕の電流を流し，Bに電流を流さないとき，原点Oには大きさが　(1)　〔A/m〕で向きが　(2)　の磁場ができる。

AとBに紙面の表から裏の向きに強さ I〔A〕の電流を流すとき，点C$(0, a)$ には大きさが　(3)　〔A/m〕で向きが　(4)　の磁場ができる。

〈南山大〉

　電流が流れると，そのまわりに**磁場**(磁界)がつくられる。その向きは，右ねじの法則にしたがう。

Point　右ねじの法則

右ねじの進む向きに電流を流すと，ねじを回す向きに，同心円状に磁力線ができる。磁力線の接線方向が，各点の磁場の向きになる。

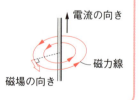

(1)　Aのまわりには，紙面の表から見て反時計回りの**磁力線**がつくられる(右図)。

また，十分に長い直線導線に電流が流れているとき，そのまわりの磁場の大きさ(強さ)は次のように求められる。

> **公式** 十分に長い直線電流のまわりの磁場の大きさ H 〔A/m〕
> $$H = \frac{I}{2\pi r} \quad \begin{pmatrix} I\text{〔A〕：電流の大きさ} \\ r\text{〔m〕：直線電流からの距離} \end{pmatrix}$$

Aから原点Oまでの距離は a〔m〕なので，原点Oでの磁場の大きさ H〔A/m〕は，

$$H = \frac{I}{2\pi a} \text{〔A/m〕}$$

(2) 磁場の向きは，y 軸負の向きである。

(3) A，Bのまわりには，それぞれ紙面の表から見て時計回りの磁力線がつくられる（右図）。A，Bから点Cまでの距離はともに $\sqrt{2}\,a$〔m〕なので，点CでのAを流れる電流のつくる磁場の大きさ H_A〔A/m〕と，Bを流れる電流のつくる磁場の大きさ H_B〔A/m〕は，

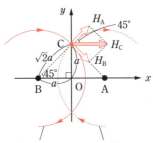

Bを流れる電流による磁力線　　Aを流れる電流による磁力線

$$H_A = H_B = \frac{I}{2\pi \cdot \sqrt{2}\,a} = \frac{I}{2\sqrt{2}\,\pi a} \text{〔A/m〕}$$

> **Point**
> 複数の磁場は，ベクトルとして合成する。

よって，合成した点Cでの磁場の大きさ H_C〔A/m〕は，右上図より，

$$H_C = \sqrt{2}\,H_A = \sqrt{2} \cdot \frac{I}{2\sqrt{2}\,\pi a} = \frac{I}{2\pi a} \text{〔A/m〕}$$

(4) (3)の図より，磁場の向きは，x 軸正の向きである。

注 円形電流の中心の磁場の大きさ $H = \dfrac{I}{2r}$〔A/m〕（I〔A〕：電流の大きさ，r〔m〕：半径）も覚えておこう。

 (1) $\dfrac{I}{2\pi a}$　(2) y 軸負の向き　(3) $\dfrac{I}{2\pi a}$　(4) x 軸正の向き

問題 94 電流と磁場 ②

次の文中の ☐ には式を記し，{ } の中の正しいものを選べ。

図のように，距離 r [m] だけ離れた十分に長い二本の平行導線 P，Q に，同じ向きにそれぞれ電流 I_1 [A]，I_2 [A] が流れている。ここで，長方形は導線 P，Q に垂直な平面を表している。透磁率を μ_0 [N/A^2] とする。

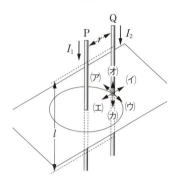

導線 P に流れる電流 I_1 が，導線 Q の位置につくる磁場の向きは (1){ア，イ，ウ，エ，オ，カ} である。導線 Q の位置につくる磁束密度 B [Wb/m^2] と，磁場の強さ H [A/m] の関係は，$B = $ ☐(2) であり，これを μ_0，I_1，r を用いて表すと，$B = $ ☐(3) [Wb/m^2] である。

導線 Q の長さ l [m] の部分が受ける力の向きは，フレミングの左手の法則により，(4){ア，イ，ウ，エ，オ，カ} の向きになる。また，その大きさ F [N] は I_2，B，l を用いて表すと，$F = $ ☐(5) [N] であり，これを μ_0，I_1，I_2，r，l を用いて表すと，$F = $ ☐(6) [N] である。

〈徳島大〉

(1) 右ねじの法則より，電流 I_1 [A] による磁力線は，上から見て時計回りになる。よって，導線 Q の位置の磁場の向きはウになる。

(2) 磁場の強さ（大きさ）は，**磁束密度**を用いて表すこともできる。

公式 磁束密度 B [Wb/m^2]（=[T]）と磁場 H [A/m] との関係
$$B = \mu H \quad (\mu \text{[N/A}^2\text{]：透磁率})$$

注 磁束密度には，[Wb/m^2] と [T] の2つの単位の表し方がある（1 [Wb/m^2] = 1 [T]）。Wb はウェーバ，T はテスラと読む。

透磁率が μ_0 [N/A^2] なので，磁束密度 B [Wb/m^2] は，
$$B = \mu_0 H \text{ [Wb/m}^2\text{]} \quad \cdots\cdots ①$$

(3) 直線電流I_1〔A〕が，距離r〔m〕離れた導線Qの位置につくる磁場の強さH〔A/m〕は，
$$H = \frac{I_1}{2\pi r} \text{〔A/m〕}$$
これを①式に代入して，
$$B = \frac{\mu_0 I_1}{2\pi r} \text{〔Wb/m}^2\text{〕} \quad \cdots\cdots ②$$

(4) 磁場中を電流が流れると，電流は磁場から力を受ける。

公式	電流が磁場から受ける力の大きさ F〔N〕
$F = IBl$	I〔A〕：電流の大きさ B〔Wb/m^2〕：磁束密度の大きさ l〔m〕：導線の長さ

※ 電流・磁場・力の向きは，フレミングの左手の法則にしたがう。

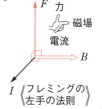

ウの向きに磁場があり，力の向きに電流I_2〔A〕が流れているので，フレミングの左手の法則より，力の向きはエになる。

(5) 力の大きさF〔N〕は，
$$F = I_2 Bl \text{〔N〕} \quad \cdots\cdots ③$$

(6) ③式に②式を代入すれば，
$$F = I_2 \cdot \frac{\mu_0 I_1}{2\pi r} \cdot l = \frac{\mu_0 I_1 I_2 l}{2\pi r} \text{〔N〕}$$

注 直線電流I_2〔A〕がつくる磁場から導線Pの長さl〔m〕の部分が受ける力は，導線Qの長さl〔m〕の部分が受ける力と同じ大きさで逆向きである。つまり，同じ向きに電流が流れている平行導線には，互いに引力がはたらく。また，逆向きに電流が流れている平行導線には，互いに反発力がはたらく。

答 (1) ウ (2) $\mu_0 H$ (3) $\frac{\mu_0 I_1}{2\pi r}$ (4) エ (5) $I_2 Bl$ (6) $\frac{\mu_0 I_1 I_2 l}{2\pi r}$

問題 95 ローレンツ力

次の文中の空欄にあてはまる式または語句を記せ。

磁場（磁界）中では電流は磁場から力を受けるので，磁場中を動いている自由電子は磁場からの力を受けると考えられる。ここでは，磁場中を動いている1個の自由電子が磁場から受ける力の大きさ f [N] を考えてみる。

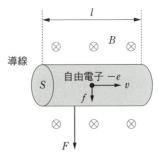

図のように，磁束密度 B [T] の磁場に対して垂直に，断面積 S [m²]，長さ l [m] の導線を設置した。この導線に電流 I [A] $(I > 0)$ が流れたとき，磁場から導線が受ける力の大きさ F [N] は $F =$ ⬚(1)⬚ [N] と表すことができる。

単位体積あたりの自由電子の数を n [個/m³]，自由電子の速さを v [m/s]，自由電子の電荷を $-e$ [C] $(e > 0)$ とすると，電流 I は $I =$ ⬚(2)⬚ [A] と表すことができる。⬚(1)⬚ と ⬚(2)⬚ の関係から，F は ⬚(3)⬚ [N] とも表せる。導線中の自由電子の総数は ⬚(4)⬚ [個] であるから，導線中の1個の自由電子が磁場から受ける力の大きさ f [N] は $f =$ ⬚(5)⬚ [N] となり，この大きさ f の力を ⬚(6)⬚ という。

〈龍谷大〉

注 図中の記号 ⊗ は，「紙面に垂直に表から裏への向き」を示す。また，記号 ⊙ は，「紙面に垂直に裏から表への向き」を示す。

(1) 磁場から導線が受ける力の大きさ F [N] は，電流 I [A]，磁束密度 B [T] $(=$ [Wb/m²]$)$ と導線の長さ l [m] より，
$$F = IBl \text{ [N]} \quad \cdots\cdots ①$$

(2) 問題77の(5)，(6)を思い出そう。自由電子の速さが v [m/s] なので，体積 Sv [m³] の中にある nSv [個] の自由電子がもつ電荷の大きさが，電流 I [A] になる。1個の自由電子がもつ電荷の大きさは e [C] なので，
$$I = enSv \text{ [A]} \quad \cdots\cdots ②$$

(3) ②式を①式に代入すると，
$$F = enSvBl \text{ [N]} \quad \cdots\cdots ③$$

194

(4) 導線の体積はSl〔m³〕なので，導線中の自由電子の総数N〔個〕は，
$$N = nSl 〔個〕 \quad \cdots\cdots ④$$

(5) 電流は自由電子が移動することで生じる電荷の流れなので，電流（導線）が受ける力は，自由電子が受ける力の総和と考えることができる。したがって，1個の自由電子が磁場から受ける力の大きさf〔N〕とF〔N〕の関係は，
$$Nf = F \quad よって，\quad f = \frac{F}{N} 〔N〕$$

ここに③，④式を代入して，
$$f = \frac{enSvBl}{nSl} = evB 〔N〕$$

(6) この自由電子1個が磁場から受ける力（一般には，荷電粒子が磁場から受ける力）を**ローレンツ力**という。この結果は，次のように覚えておこう。

公式 **ローレンツ力の大きさf〔N〕**

$$f = qvB$$

q〔C〕：荷電粒子の電気量の大きさ
v〔m/s〕：荷電粒子の速さ
B〔Wb/m²〕：磁束密度の大きさ

このローレンツ力の向きは，電流が磁場から受ける力の向きと同じである。ただし，負電荷の場合は，注意が必要である。

Point
ローレンツ力の向きは，荷電粒子の速度の向きを電流の向きとして，フレミングの左手の法則にあてはめればよい。ただし，負電荷の場合は，それとは逆向きになる。

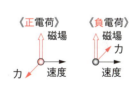

答 (1) IBl　(2) $enSv$　(3) $enSvBl$　(4) nSl　(5) evB
(6) ローレンツ力

問題 96 電場中の荷電粒子の運動

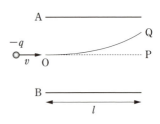

真空中に平行に置かれた平面電極A, Bが強さE〔N/C〕の一様な電場（電界）をつくっている。この電場に垂直に，質量m〔kg〕，負の電荷$-q$〔C〕($q>0$)の粒子が速さv〔m/s〕で電極間の左端の位置Oから入射した。その後，粒子は図のように紙面内に曲線を描いて右端の位置Qに到達した。電極の長さをl〔m〕，重力の影響はないとする。

(1) 電場の向きを下の［　］の中から選べ。
　［AからB，　BからA，　紙面の表から裏，　紙面の裏から表］
(2) 電場から粒子に加わる力の大きさを求めよ。
(3) 粒子がQに到達したとき，ずれた距離PQはいくらか。m, q, E, l, v を用いて答えよ。
(4) 次に，粒子が直進しPに到達するように磁場（磁界）を加えた。この磁場の磁束密度の大きさをE, vを用いて表し，向きを下の［　］の中から選べ。
　［AからB，　BからA，　紙面の表から裏，　紙面の裏から表］

〈岡山理科大〉

 (1) 粒子は，電場中に入るとAの方にずれていくので，電場からB→Aの向きに力を受けていることがわかる（右図）。**正電荷の受ける力の向きが電場の向き**であり，粒子は負電荷なので，AB間の電場の向きはA→Bになる。

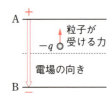

(2) 電場の強さはE〔N/C〕なので，電荷の大きさq〔C〕の粒子に加わる力の大きさF〔N〕は，
　　$F = qE$〔N〕

(3) 粒子は電場中を進んでいる間，電場方向には一定の力F〔N〕を受けているが，電場に垂直な方向には力を受けていない。そのため，電場中の荷電粒子の運動について，次のことがいえる。

> **Point**
> 一様な電場中に入射した荷電粒子は，放物運動をする。
> ・電場方向 ⟶ 等加速度直線運動
> ・電場に垂直な方向 ⟶ 等速度運動

まず，電場方向の加速度を求めよう。B→Aの向きを正として，加速度をa〔m/s²〕とすると（右図），運動方程式は，

$$ma = qE \quad よって，\quad a = \frac{qE}{m} 〔\text{m/s}^2〕$$

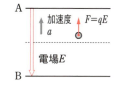

OからQまで到達するのにかかる時間をt〔s〕とすると，電場に垂直な方向には速さv〔m/s〕の等速度運動をしているので（右図），

$$l = vt \quad よって，\quad t = \frac{l}{v} 〔\text{s}〕$$

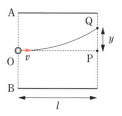

距離PQをy〔m〕とすると，電場方向には加速度a〔m/s²〕の等加速度直線運動をしているので，

$$y = \frac{1}{2}at^2 = \frac{1}{2} \cdot \frac{qE}{m}\left(\frac{l}{v}\right)^2 = \frac{qEl^2}{2mv^2} 〔\text{m}〕$$

(4) 粒子は電場からB→Aの向きに力を受けているので，これにつり合う大きさのローレンツ力がA→Bの向きに加わるようにすればよい（右図）。磁束密度の大きさをB〔Wb/m²〕とすると，ローレンツ力の大きさf〔N〕は，

$$f = qvB 〔\text{N}〕$$

$F = f$となればよいので，

$$qE = qvB \quad よって，\quad B = \frac{E}{v} 〔\text{Wb/m}^2〕$$

磁束密度の向きは，粒子が負電荷であることに注意して，フレミングの左手の法則より，紙面の表から裏向きになることがわかる。

> **答** (1) AからB (2) qE〔N〕 (3) $\dfrac{qEl^2}{2mv^2}$〔m〕
> (4) 大きさ：$\dfrac{E}{v}$〔Wb/m²〕 向き：紙面の表から裏

問題 97 磁場中の荷電粒子の運動　〈物理〉

図のように，2つの領域ⅠとⅡからなる空間を運動する荷電粒子を考える。領域Ⅰでは右向きの一様な電場(電界)だけが存在し，その電場の強さは E [N/C] である。領域Ⅱでは，紙面に垂直で裏から表へ向かう磁束密度 B [T] の一様な磁場(磁界)だけが存在する。領域ⅠとⅡの境界から左へ

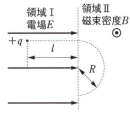

l [m] の位置に質量 m [kg]，電気量 $+q$ [C] ($q>0$) の荷電粒子を静かに置くと，荷電粒子は電場から力を受けて直線的な運動をはじめる。この荷電粒子は，領域ⅠからⅡへ移動すると磁場から力を受けて，運動の方向を変えながら半円を描き，再び領域Ⅰへ入る。ただし，重力の影響は無視してよい。

(1) 荷電粒子が領域ⅠからⅡへ移るときの速さ v [m/s] を，E, l, m, q を用いて表せ。

(2) 領域Ⅱで荷電粒子が描いた半円の半径 R [m] を，B, m, q, v を用いて表せ。

(3) 荷電粒子が領域Ⅰを出てから，領域Ⅱを通過して再び領域Ⅰへ入るまでの時間 t [s] を，B, m, q を用いて表せ。

〈山形大〉

(1) 荷電粒子は領域Ⅰでは，一様な電場から大きさ qE [N] の一定の力を受けて等加速度直線運動をする(右図)。電場の向きを正として，荷電粒子の加速度を a [m/s²] とすると，運動方程式は，

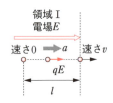

$$ma = qE \quad \text{よって，} \quad a = \frac{qE}{m} \text{[m/s}^2\text{]}$$

荷電粒子を静かに置くので初速度は0，変位 l [m] で速度 v [m/s] なので，等加速度直線運動の公式より，

$$v^2 - 0^2 = 2 \cdot \frac{qE}{m} \cdot l \quad \text{よって，} \quad v = \sqrt{\frac{2qEl}{m}} \text{[m/s]}$$

別解 運動エネルギーと仕事の関係を考えよう。荷電粒子が領域Ⅰを運動する間に一様な電場からされる仕事 W [J] は，

$$W = qE \cdot l = qEl \text{[J]}$$

「運動エネルギーの変化 ＝ 受けた仕事」より，
$$\frac{1}{2}mv^2 - 0 = qEl \quad \text{よって，} \quad v = \sqrt{\frac{2qEl}{m}} \text{［m/s］}$$

(2) 荷電粒子は領域Ⅱでは，磁場中を運動するのでローレンツ力を受ける（右図）。荷電粒子は正電荷であり，速度の向きに対してつねに直角右向きにローレンツ力がはたらいている。そのため，ローレンツ力は仕事をしないので，荷電粒子の速さ（速度の大きさ）は一定であり，さらに，次のことがいえる。

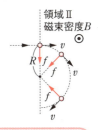

Point
一様な磁場中に垂直に入射した荷電粒子は，ローレンツ力を向心力として，**等速円運動をする**。

ローレンツ力の大きさ f ［N］は，
$$f = qvB \text{［N］}$$
したがって，荷電粒子の円運動の運動方程式は，
$$m\frac{v^2}{R} = qvB \quad \text{よって，} \quad R = \frac{mv}{qB} \text{［m］}$$

(3) 領域Ⅱにおける等速円運動の $\frac{1}{2}$ 周期が，求める時間 t ［s］になる。周期を T ［s］とすると，
$$T = \frac{2\pi R}{v} = \frac{2\pi}{v} \cdot \frac{mv}{qB} = \frac{2\pi m}{qB} \text{［s］}$$
よって，求める時間 t ［s］は，
$$t = \frac{1}{2}T = \frac{\pi m}{qB} \text{［s］}$$

注 一様な磁場中に<u>平行に入射した荷電粒子</u>は，ローレンツ力を受けないので，<u>等速度運動をする</u>。一方，一様な磁場中に<u>斜めに入射した荷電粒子</u>は，等速円運動と等速度運動が組み合わさった<u>らせん運動をする</u>。

答 (1) $v = \sqrt{\frac{2qEl}{m}}$ ［m/s］　(2) $R = \frac{mv}{qB}$ ［m］　(3) $t = \frac{\pi m}{qB}$ ［s］

問題 98 ホール効果

物理

次の文中の空欄にあてはまる式を記せ。ただし，(2)，(3)，(4)については選択肢から選べ。

図のように，x軸方向の幅がd〔m〕，z軸方向の幅がh〔m〕の直方体の金属にy軸の正の向きに電流を流す。このとき，自由電子（電荷$-e$〔C〕（$e > 0$））は電流と逆向きに速さv〔m/s〕で移動したとする。自由電子の数密度を

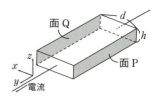

n〔個/m³〕とすると，金属を流れる電流の大きさは □(1)□〔A〕で与えられる。

次に一様な磁束密度B〔T〕の磁場をz軸の正の向きに加えた。このとき，ローレンツ力によって自由電子は金属の面 □(2):P, Q□ に集まり，面Pは □(3):正，負□ に，面Qは □(4):正，負□ に帯電する。その結果，x軸方向に電場が生じる。磁場によるローレンツ力とx軸方向の電場からの力がつり合うと，自由電子はy軸方向に直進するようになり，これ以上帯電は進まなくなる。このとき，ローレンツ力の大きさは □(5)□〔N〕で与えられるので，x軸方向の電場の大きさは □(6)□〔V/m〕である。面Pの電位を基準にとった場合の面Qの電位V_H〔V〕は，I, B, h, n, eで表すと □(7)□〔V〕である。

〈信州大〉

(1) 問題95の(2)と同じように考えて，断面積$S = dh$〔m²〕なので，電流の大きさI〔A〕は，

$$I = enSv = endhv \text{〔A〕} \quad \cdots\cdots ①$$

(2) 電流はy軸の正の向きに流れているので，自由電子はy軸の負の向きに移動している。自由電子は負電荷であることに注意すると，y軸の負の向きに移動している自由電子にはたらくローレンツ力の向きは，x軸の正の向きになるので，自由電子は面Qに集まる（右図）。

(3)(4) 面Qに負電荷の自由電子が集まるため，面Qは負に帯電し，反対側の面Pは正に帯電する。このため，次ページの右上図のように，面Pから面Qに向かう電場が生じるようになり，金属中を移動している自由電子は，磁場

から受けるローレンツ力のほかに，電場からも力を受けることになる。

(5) 自由電子の速さはv〔m/s〕なので，自由電子が受けるローレンツ力の大きさはevB〔N〕である。

(6) 電場の向きはx軸の正の向きなので，負電荷の自由電子は電場とは逆向きのx軸の負の向きに電場からの力を受ける。

> **Point**
> ローレンツ力と電場から受ける力がつり合うと，自由電子は再び直進する。

このときの電場の大きさをE〔V/m〕とすると，自由電子が電場から受ける力の大きさはeE〔N〕なので，x軸方向の力のつり合いより，
$$evB = eE \quad よって，\quad E = vB 〔V/m〕 \quad \cdots\cdots ②$$

(7) 面Pと面Qの電位差をV〔V〕とすると，面Pと面Qの距離がd〔m〕なので，電場の大きさE〔V/m〕は，
$$E = \frac{V}{d} 〔V/m〕$$
これと②式が等しいので，
$$\frac{V}{d} = vB \quad よって，\quad V = vBd 〔V〕$$
電場の向きは面Pから面Qに向かうので，面Pが高電位，面Qが低電位となる。よって，面Pを電位の基準にとった面Qの電位V_H〔V〕は負となり，
$$V_H = -V = -vBd$$
答にはvを用いないので，①式より，$v = \dfrac{I}{endh}$を代入すると，
$$V_H = -\frac{I}{endh} \cdot Bd = -\frac{IB}{enh} 〔V〕$$

 (1) $endhv$ (2) Q (3) 正 (4) 負 (5) evB (6) vB
(7) $-\dfrac{IB}{enh}$

24. 電磁誘導

ローレンツ力と誘導起電力

物理

次の文中の□の中に適当な式を記せ。また，{ }の中からは適当なものを選び，その記号を記せ。

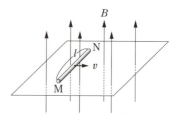

図のように，鉛直上向きに一様な磁束密度 B〔Wb/m²〕の磁場中の水平面上で，長さ l〔m〕の細い導体棒MNを一定の速さ v〔m/s〕で移動させる。移動の向きはMNに垂直である。導体棒中の1個の自由電子（電気量 $-e$〔C〕$(e>0)$）にはたらくローレンツ力の大きさは □(1)□〔N〕である。その力を受けて自由電子が移動するため，導体棒の{(2) (イ)M (ロ)N}側の端は正，もう一方の端は負に帯電する。これによって導体棒中に大きさ E〔N/C〕の電場が発生する。この電場によって1個の自由電子にはたらく力の大きさは □(3)□〔N〕である。この力がローレンツ力とつり合うと自由電子の移動は止まり，このとき $E=$ □(4)□〔N/C〕となることから，導体棒の両端MN間に発生する電位差は □(5)□〔V〕となる。

〈北見工業大〉

 (1) 導体棒MNを一定の速さ v〔m/s〕で移動させると，導体棒中の自由電子も一定の速さ v〔m/s〕で運動することになる。自由電子は，速さ v〔m/s〕で磁束密度 B〔Wb/m²〕の磁場中を運動していることになるので，ローレンツ力を受ける（右図）。その大きさ f〔N〕は，

$$f = evB \text{〔N〕} \quad \cdots\cdots ①$$

(2) 自由電子は負電荷なので，フレミングの左手の法則より，ローレンツ力はM→Nの向きにはたらく。自由電子がN側に移動するため，導体棒のN側の端は負，M側の端は正に帯電する（右図）。

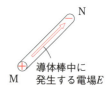

導体棒中に発生する電場 E

(3) 導体棒中の大きさ E〔N/C〕の電場によって，電気量の大きさ e〔C〕の1個の自由電子にはたらく力の大きさ F〔N〕は，

$$F = eE \text{〔N〕} \quad \cdots\cdots ②$$

この力は，電場とは逆向きのN→Mの向きにはたらく。

(4) 自由電子にはたらく大きさf〔N〕と大きさF〔N〕の2つの力がつり合うので（右図），
$$f = F$$
①，②式を代入して，
$$evB = eE$$
よって，$E = vB$〔N/C〕 ……③

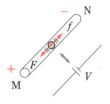

(5) 導体棒にはM→Nの向きに一様な電場E〔N/C〕が発生している。MN間の距離はl〔m〕なので，電位差をV〔V〕とすると，
$$E = \frac{V}{l} \quad よって，\quad V = El$$
③式を代入して，
$$V = vBl 〔V〕$$
また，電場の向きから，導体棒のM側が高電位（＋極），N側が低電位（－極）になることがわかる。これらのことは，次のように覚えておこう。

公式 　**磁場中を運動する導体棒に生じる誘導起電力 V〔V〕**

$$V = vBl$$

v〔m/s〕：導体棒の速さ
B〔Wb/m²〕：磁束密度の大きさ
l〔m〕：導体棒の長さ

※ フレミングの左手の法則において，電流の代わりに導体棒の速度を中指にあてはめれば，親指の向きが誘導起電力の向きになる。

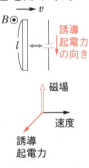

答 　(1) evB 　(2) (イ) 　(3) eE 　(4) vB 　(5) vBl

問題 100 磁場中を運動する導体棒 ①

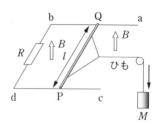

　図のように，鉛直上向きの一様な磁束密度 B〔Wb/m²〕の磁場中に，l〔m〕の間隔で水平に置かれた2本の導線レールab，cdがある。bd間を抵抗 R〔Ω〕の抵抗線でつなぎ，レール上に軽い導体棒PQをおく。この導体棒には質量の無視できるひもと滑車を通して質量 M〔kg〕のおもりがつり下げられている。最初は落下しないようにおもりを手で支え，静かに手を放したところ，おもりは静かに落下し始めた。導体棒はレール上をなめらかに動くものとし，また，重力加速度の大きさを g〔m/s²〕とする。

(1) 導体棒の速さが v〔m/s〕になったとき，
　(ア) 回路を流れる誘導電流の大きさ I〔A〕を求めよ。
　(イ) 導体棒を流れる電流の向きは，P→Q，Q→Pのいずれか。
　(ウ) 誘導電流により導体棒が磁場から受ける力の大きさ F〔N〕を求めよ。
　　　また，この力の向きは左向き，右向きのいずれか。
　(エ) 導体棒の加速度の大きさ a〔m/s²〕を求めよ。

(2) おもりが一定の速さに達したとき，導体棒の速さ v_1〔m/s〕を求めよ。

〈弘前大〉

(1) (ア) 導体棒PQがおもりに引かれて磁場中を運動するため，PQ間には**誘導起電力**が生じる。この起電力によって回路に電流（**誘導電流**）が流れる。

Point
磁場中を運動する導体棒には誘導起電力が生じるが，導体棒を電池とみなして扱えばよい。

　長さ l〔m〕の導体棒が速さ v〔m/s〕で運動しているので，p.203 公式 **磁場中を運動する導体棒に生じる誘導起電力**より，導体棒に生じる誘導起電力の大きさ V〔V〕は，
$$V = vBl \text{〔V〕}$$
よって，回路を流れる誘導電流の大きさ I〔A〕は，

$$I = \frac{V}{R} = \frac{vBl}{R} \text{〔A〕} \quad \cdots\cdots ①$$

(イ) 導体棒はP側が＋極，Q側が－極の電池とみなすことができ，誘導電流はP→d→b→Qの向きに流れる（右図）。導体棒を流れる電流の向きはQ→Pである。

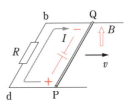

(ウ) 導体棒に大きさI〔A〕の誘導電流がQ→Pの向きに流れているので，導体棒が磁場から受ける力の大きさF〔N〕は，
$$F = IBl \text{〔N〕}$$
①式を代入して，

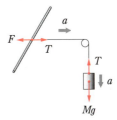

$$F = \frac{vBl}{R} \cdot Bl = \frac{v(Bl)^2}{R} \text{〔N〕} \quad \cdots\cdots ②$$

また，この力の向きは，フレミングの左手の法則より，左向きである。

(エ) 導体棒とおもりはひもでつながれているので，加速度の大きさは等しい。張力の大きさをT〔N〕とし，導体棒は右向き，おもりは下向きを正として，運動方程式を立てよう。導体棒は軽い（質量を0とみなす）ことに注意して，

導体棒：$0 \cdot a = T - F$
おもり：$M \cdot a = Mg - T$

2式を辺々足し合わせて，②式を代入すると，
$$Ma = Mg - \frac{v(Bl)^2}{R}$$

よって， $a = g - \dfrac{v(Bl)^2}{MR}$〔m/s²〕 $\cdots\cdots ③$

(2) 一定の速さv_1〔m/s〕のとき，加速度は0になるので，③式より，
$$0 = g - \frac{v_1(Bl)^2}{MR} \quad \text{よって，} \quad v_1 = \frac{MgR}{(Bl)^2} \text{〔m/s〕}$$

答
(1) (ア) $I = \dfrac{vBl}{R}$〔A〕　　(イ) Q→P

(ウ) 大きさ：$F = \dfrac{v(Bl)^2}{R}$〔N〕　　向き：左向き

(エ) $a = g - \dfrac{v(Bl)^2}{MR}$〔m/s²〕

(2) $v_1 = \dfrac{MgR}{(Bl)^2}$〔m/s〕

24．電磁誘導

磁場中を運動する導体棒 ②

図のように，間隔 l [m] だけ離れた十分に長い2本の平行な導線レールが，水平面に対して角度 θ [rad] $\left(0 < \theta < \dfrac{\pi}{2}\right)$ だけ傾いている。レー

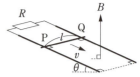

ルの最上端は抵抗 R [Ω] で接続され，レール全体は鉛直上向きの磁束密度 B [Wb/m²] の一様な磁場の中に置かれている。このレールに質量 m [kg] の導体棒PQを水平にのせたところ，しばらくして導体棒はレールに沿って下向きに一定速度 v [m/s] でレールと直角を保ったまますべり落ちた。抵抗 R [Ω] 以外の電気抵抗や導体棒が受ける空気抵抗，レールと導体棒の間の摩擦はすべて無視できるものとし，重力加速度の大きさを g [m/s²] とする。

(1) 導体棒PQに生じる誘導起電力の大きさ V [V] と，導体棒PQに流れる誘導電流の大きさ I [A] を求めよ。また，このときの誘導電流の向きは，P→QあるいはQ→Pのどちらであるかを答えよ。

(2) 磁場により導体棒PQに作用する力のレールに沿った成分の大きさ F [N] を，I, B, l, θ を用いて表せ。また，この向きは，レールに沿って上向きあるいは下向きのどちらであるかを答えよ。

(3) 導体棒PQに作用する重力によって，レールに沿って下向きに加わる力の大きさ F' [N] を求めよ。

(4) (2)の力と(3)の力のつり合いより，速度 v を求めよ。ただし，R, B, m, g, θ, l を用いて表すこと。

〈電気通信大〉

(1) フレミングの左手の法則を使うときは，次のことに注意しよう。

Point
中指と人差し指にあてはまるものが直交しないときは，一方を分解して，直交する成分を用いる。

磁場は鉛直上向きであり，導体棒は水平面に対して角度 θ [rad] だけ傾いたレールに沿って速度 v [m/s] で動いているので，磁場に直交する速度の成分の大きさは $v\cos\theta$ [m/s] になる（次ページの右上図）。よって，導体棒PQ

に生じる誘導起電力の大きさV〔V〕は，
$$V = v\cos\theta \cdot Bl = vBl\cos\theta \text{〔V〕}$$
また，導体棒PQに流れる誘導電流の大きさI〔A〕は，
$$I = \frac{V}{R} = \frac{vBl\cos\theta}{R} \text{〔A〕} \quad \cdots\cdots ①$$

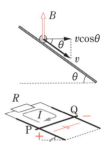

導体棒PQはP側が＋極，Q側が－極の電池とみなすことができ，導体棒にはQ→Pの向きに誘導電流が流れる（右図）。

(2) 導体棒PQに磁場から作用する力の大きさF_0〔N〕は，
$$F_0 = IBl \text{〔N〕}$$
この力は右図の向きである。レールに沿った成分の大きさF〔N〕は，F_0を分解して，
$$F = F_0\cos\theta = IBl\cos\theta \text{〔N〕} \quad \cdots\cdots ②$$
この向きは，レールに沿って上向きである。

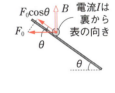

(3) 重力mg〔N〕を，レールに沿った方向に分解して（右図），
$$F' = mg\sin\theta \text{〔N〕} \quad \cdots\cdots ③$$

(4) $F = F'$より，①，②，③式を代入すると，
$$\frac{vBl\cos\theta}{R} \cdot Bl\cos\theta = mg\sin\theta \quad \text{よって，} \quad v = \frac{mgR\sin\theta}{(Bl\cos\theta)^2} \text{〔m/s〕}$$

注 抵抗における消費電力$P = RI^2$〔W〕は，(1)のIと(4)のvを代入すると，導体棒PQの重力による位置エネルギーの単位時間(1秒)あたりの減少量$mgv\sin\theta$〔W〕と等しいことがわかる。

$$P = RI^2 = R\left(\frac{vBl\cos\theta}{R}\right)^2 = v \cdot \frac{v(Bl\cos\theta)^2}{R}$$
$$= \frac{mgR\sin\theta}{(Bl\cos\theta)^2} \cdot \frac{v(Bl\cos\theta)^2}{R} = mgv\sin\theta$$

これは，装置全体のエネルギー保存の法則を表している。

(1) $V = vBl\cos\theta$〔V〕　　$I = \dfrac{vBl\cos\theta}{R}$〔A〕　　向き：Q→P

(2) $F = IBl\cos\theta$〔N〕　　向き：上向き　　(3) $F' = mg\sin\theta$〔N〕

(4) $v = \dfrac{mgR\sin\theta}{(Bl\cos\theta)^2}$〔m/s〕

24. 電磁誘導

問題 102 電磁誘導の法則

次の文中の空欄にあてはまる式または数値を記せ。

図のように，紙面に垂直で一様な磁場が $x \geq 0$ の領域にある。磁束密度は B [Wb/m²] で，磁場は紙面の表から裏へ向かっている。ここで，一辺の長さが L [m] の正方形のコイル ABCD を，辺 AD が x 軸に平行になるように紙面上に置き，x 軸に平行な矢印の向きに一定の速さ v [m/s] で運動させる。頂点 A の x 座標を a [m] とし，コイルの全抵抗値を R [Ω] とする。

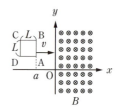

コイルが磁場の境界線をまたいでいるとき $(0 < a < L)$，コイルを貫く磁束は [(1)] [Wb] であり，微小時間 Δt [s] だけ経過すると，コイルを貫く磁束は [(2)] [Wb] だけ変化する。したがって，コイルに誘起される誘導起電力の大きさは [(3)] [V]，コイルに流れる誘導電流（A→B→C→D→Aの向きを正とする）は [(4)] [A] となる。コイルが境界線を通過した後 $(a > L)$ では，コイルに流れる電流は [(5)] [A] となる。

〈北海道大〉

(1) **磁束密度**は，磁場に垂直な**単位面積**（1 m²）あたりを貫く磁束を表すので，次の関係がある。

公式 磁束 Φ [Wb]

$$\Phi = BS \quad \begin{pmatrix} B\,[\text{Wb/m}^2]：磁束密度の大きさ \\ S\,[\text{m}^2]：磁場に垂直な断面積 \end{pmatrix}$$

コイルが磁場の境界線をまたいでいるとき，磁場中に入っているコイルの面積は La [m²] である（右図）。よって，コイルを貫く磁束 Φ [Wb] は，

$$\Phi = BLa\,[\text{Wb}]$$

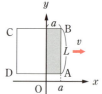

(2) Δt [s] 後には，コイルが距離 $v\Delta t$ [m] だけ進んでいるので，磁場中に入っているコイルの面積は $Lv\Delta t$ [m²] だけ変化（増加）している（次ページの右上図）。よって，コイルを貫く磁束の変化 $\Delta\Phi$ [Wb] は，

$$\Delta\Phi = BLv\Delta t \text{〔Wb〕} \quad \cdots\cdots ①$$

(3) コイルを貫く磁束が変化すると，コイルに**誘導起電力**が生じ，**誘導電流**が流れる。誘導起電力の大きさは，次のように求められる。

公式 ▶ **ファラデーの法則**

時間 Δt〔s〕でコイルを貫く磁束が $\Delta\Phi$〔Wb〕だけ変化するとき，1巻きのコイルに生じる誘導起電力の大きさ V〔V〕は，

$$V = \left| \frac{\Delta\Phi}{\Delta t} \right|$$

コイルに誘起される誘導起電力の大きさ V〔V〕は，①式より，

$$V = \left| \frac{\Delta\Phi}{\Delta t} \right| = \frac{BLv\Delta t}{\Delta t} = BLv \text{〔V〕} \quad \cdots\cdots ②$$

(4) 誘導起電力の向きは，**レンツの法則**にしたがう。

Point **レンツの法則**

誘導起電力の向きは，コイルを貫く磁束の変化を妨げる向きであり，変化した磁束を打ち消す磁力線を生じさせる向きに誘導電流が流れる。

コイルには紙面の表→裏向きの磁束が増加するので，その増加を打ち消す裏→表向きの磁力線を生じさせるように，A→B→C→D→Aの向きに誘導電流が流れる。すなわち，誘導電流の向きは正である。したがって，コイルに流れる誘導電流 I〔A〕は，コイルの全抵抗値が R〔Ω〕であることと②式より，

$$I = \frac{V}{R} = \frac{BLv}{R} \text{〔A〕}$$

(5) コイルが境界線を通過した後は，コイルを貫く磁束は BL^2〔Wb〕のまま変化しない。よって，誘導電流は流れないので，0Aである。

答 (1) BLa (2) $BLv\Delta t$ (3) BLv (4) $\dfrac{BLv}{R}$ (5) 0

第5章 磁気

24. 電磁誘導 **209**

問題 103 自己誘導

次の文中の空欄にあてはまる式を記せ。

図のように，断面積 S〔m²〕の鉄心に導線を N 回巻いた，長さ l〔m〕のコイルがある。鉄心の長さは l よりも十分に長く，鉄心の透磁率は μ〔N/A²〕である。コイルに電流 I〔A〕が流れているとき，コイル内部の磁場(磁界)の大きさ H〔A/m〕は $H =$ (1) 〔A/m〕であり，このときの磁束密度 B〔T〕は $B =$ (2) 〔T〕である。また，コイルを貫く磁束 Φ〔Wb〕は，I を用いて $\Phi =$ (3) 〔Wb〕と表される。

いま，時間 Δt〔s〕の間に，コイルを流れる電流が ΔI〔A〕だけ変化したとき，磁束は $\Delta \Phi$〔Wb〕だけ変化したとする。コイルに発生する誘導起電力 V〔V〕は，電磁誘導の法則より，$\Delta \Phi$ などを用いて $V =$ (4) 〔V〕と表される。これを，ΔI を用いて書き直すと $V =$ (5) 〔V〕が得られる。これより，コイルの自己インダクタンス L〔H〕は $L =$ (6) 〔H〕と求められる。

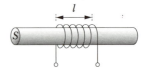

〈秋田大〉

解説

(1) 円筒状に巻かれたコイルを**ソレノイド**とよぶ。ソレノイド内部の磁場は一様であり，その大きさ(強さ)は次のように求められる。

公式　ソレノイド内部の磁場の大きさ H〔A/m〕

$\begin{pmatrix} n\text{〔1/m〕：単位長さ(1m)あたりの巻き数} \\ I\text{〔A〕：電流の大きさ} \end{pmatrix}$

巻き数は N，コイルの長さは l〔m〕なので，**単位長さあたりの巻き数**は $\dfrac{N}{l}$〔1/m〕である。よって，コイル内部の磁場の大きさ H〔A/m〕は，

$$H = \frac{N}{l} I \text{〔A/m〕} \quad \cdots \cdots ①$$

(2) コイルは透磁率 μ〔N/A²〕の鉄心に巻き付けられているので，コイル内部の磁束密度 B〔T〕($=$〔Wb/m²〕)は，①式より，

$$B = \mu H = \frac{\mu N}{l}I \text{〔T〕} \quad \cdots\cdots ②$$

(3) コイルの断面積はS〔m²〕なので，コイルを貫く磁束Φ〔Wb〕は，②式より，

$$\Phi = BS = \frac{\mu NS}{l}I \text{〔Wb〕} \quad \cdots\cdots ③$$

(4) 問題文に誘導起電力の正の向きの指示がないときは，「**磁束の変化を妨げる向きに生じる**」ということを，マイナスの符号（−）で表す。また，「N回巻き＝N個の1巻きコイルが直列に接続」と考えて，誘導起電力V〔V〕は，

$$V = -N\frac{\Delta\Phi}{\Delta t} \text{〔V〕}$$

(5) 磁束の変化$\Delta\Phi$〔Wb〕は，③式で$\Phi \to \Delta\Phi$，$I \to \Delta I$として，

$$\Delta\Phi = \frac{\mu NS}{l}\Delta I \text{〔Wb〕}$$

したがって，誘導起電力V〔V〕は，

$$V = -N\frac{\Delta\Phi}{\Delta t} = -\frac{\mu N^2 S}{l}\frac{\Delta I}{\Delta t} \text{〔V〕} \quad \cdots\cdots ④$$

(6) コイルには，**電流の変化を妨げる向きに誘導起電力が生じる**。この現象を**自己誘導**といい，誘導起電力は，次のように表される。

公式 ▸ **自己誘導の起電力 V〔V〕**

$$V = -L\frac{\Delta I}{\Delta t} \qquad \left|\begin{array}{l} L\text{〔H〕：自己インダクタンス} \\[4pt] \dfrac{\Delta I}{\Delta t}\text{〔A/s〕：電流の時間変化率} \end{array}\right.$$

---

④式より，自己インダクタンスL〔H〕は，

$$L = \frac{\mu N^2 S}{l} \text{〔H〕}$$

答 **(1)** $\dfrac{N}{l}I$ **(2)** $\dfrac{\mu N}{l}I$ **(3)** $\dfrac{\mu NS}{l}I$ **(4)** $-N\dfrac{\Delta\Phi}{\Delta t}$ **(5)** $-\dfrac{\mu N^2 S}{l}\dfrac{\Delta I}{\Delta t}$

(6) $\dfrac{\mu N^2 S}{l}$

第5章 磁気

24. 電磁誘導　211

問題 104 相互誘導

図1のように,透磁率 μ [N/A²] の丸棒に,全巻き数 N_1 のコイル1および全巻き数 N_2 のコイル2が巻き付けてある。丸棒および2つのコイルの断面積は S [m²] であり,コイルの長さはともに l [m] である。

(1) コイル1に,図1の矢印の向きに大きさ I [A] の電流を流したとき,コイル2の1巻きを貫く磁束の大きさを求めよ。

(2) コイル1とコイル2の相互インダクタンスを求めよ。

(3) コイル1の電流 I [A] を図2のように変化させるとき,コイル2の両端に発生する起電力を求めよ。ただし,図1のa側がb側より高電位のときを正とする。

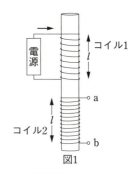

〈大阪府立大〉

(1) コイル1の内部に生じる磁場の強さ H [A/m] は,単位長さあたりの巻き数が $\dfrac{N_1}{l}$ [1/m] なので,

$$H = \dfrac{N_1}{l} I \, [\text{A/m}]$$

コイル内部の透磁率は μ [N/A²] なので,磁束密度の大きさ B [Wb/m²] は,

$$B = \mu H = \dfrac{\mu N_1}{l} I \, [\text{Wb/m}^2]$$

コイル1とコイル2は同じ丸棒に巻き付けられているので,コイル2を貫く磁束の大きさ $\varPhi$ [Wb] は,コイル1を貫く磁束の大きさに等しい。よって,

$$\varPhi = BS = \dfrac{\mu N_1 S}{l} I \, [\text{Wb}] \quad \cdots\cdots ①$$

(2) コイル1の電流が変化すると,コイル2の磁束が変化し,コイル2に誘導起電力が生じる。この現象を**相互誘導**といい,誘導起電力は次のように表される。

212

> **公式** 相互誘導の起電力(2次コイルに生じる誘導起電力)V_2〔V〕
> $$V_2 = -M\frac{\Delta I_1}{\Delta t}$$
> M〔H〕：相互インダクタンス
> $\frac{\Delta I_1}{\Delta t}$〔A/s〕：1次コイルの電流の時間変化率

微小時間Δt〔s〕でコイル1の電流がΔI〔A〕変化したとすると，コイル2を貫く磁束の変化$\Delta\Phi$〔Wb〕は，①式より，

$$\Delta\Phi = \frac{\mu N_1 S}{l}\Delta I \text{〔Wb〕}$$

全巻き数N_2のコイル2に生じる誘導起電力V〔V〕は，

$$V = -N_2\frac{\Delta\Phi}{\Delta t} = -\frac{\mu N_1 N_2 S}{l}\frac{\Delta I}{\Delta t}\text{〔V〕} \quad \cdots\cdots②$$

よって，相互インダクタンスM〔H〕は，

$$M = \frac{\mu N_1 N_2 S}{l}\text{〔H〕} \quad \text{←②式を}V = -M\frac{\Delta I}{\Delta t}\text{と比較}$$

(3) コイル1の電流の時間変化率は，図2のグラフの傾きに等しい。②式より，

$$V = -\frac{\mu N_1 N_2 S}{l}\cdot\frac{I_0}{T} = -\frac{\mu N_1 N_2 S I_0}{lT}\text{〔V〕}$$

ここまで，磁束の変化を妨げる向きに生じるということをマイナスの符号(－)で表してきたが，ここであらためて，符号の確認をしておこう。

コイル1の電流I〔A〕が矢印の向きに増加する(右図)ので，コイル1の磁束が上向きに増加し，コイル2の磁束も上向きに増加する。そのため，コイル2にはa→コイル2→bの向きに誘導電流が流れ，コイル2はb側が＋極，a側が－極の電池とみなせる。「a側がb側より高電位のときを正とする」から，起電力V〔V〕は負のままでよいことがわかる。

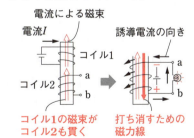

注 コイル2に，右上図のように電球(抵抗)を接続したとすると，b→電球→aの向きに電流が流れることになり，b側がa側より高電位であることがわかる。

> **答** (1) $\frac{\mu N_1 S}{l}I$〔Wb〕 (2) $\frac{\mu N_1 N_2 S}{l}$〔H〕 (3) $-\frac{\mu N_1 N_2 S I_0}{lT}$〔V〕

24. 電磁誘導

25. 交流回路

問題 105 交流の発生　〈物理〉

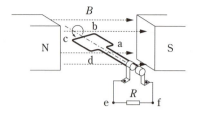

図のように，磁束密度の大きさ B [Wb/m^2] の一様な磁場中に，一辺の長さ $2l$ [m] の正方形コイル abcd を置いた。このコイルは，辺 bc の中点を通り辺 ab に平行な軸のまわりに回転することができ，この回転軸が磁場と垂直になるように設置されている。時刻 $t = 0$ [s] において，辺 bc は磁場と平行であり，c から b への向きが磁場の向きと一致していた。このコイルに抵抗値 R [Ω] の抵抗を接続し，コイルを図に示した向きに一定の角速度 ω [rad/s] で回転させた。ただし，コイルの誘導起電力および抵抗を流れる電流は，a→b→c→d→e→f→a の向きを正とする。

(1) 時刻 t において，辺 ab に生じる誘導起電力はいくらか。
(2) 時刻 t において，コイル abcd 全体に生じる誘導起電力はいくらか。
(3) 時刻 t において，抵抗を流れる電流はいくらか。
(4) 抵抗を流れる電流の実効値はいくらか。
(5) 抵抗で消費される電力の平均値はいくらか。

〈福岡大〉

 解説　(1) $0 < \omega t < \dfrac{\pi}{2}$ [rad] のときについて，コイルを ad 側から見て考えよう（右図）。辺 ab は，半径 l [m]，角速度 ω [rad/s] で回転しているので，速さは $l\omega$ [m/s] である。時刻 t [s] では，コイルが磁場方向から ωt [rad] だけ傾いているので，辺 ab の速度の磁場に垂直な成分は $l\omega\cos\omega t$ [m/s] である。辺 ab に生じる誘導起電力 V_{ab} [V] は，a→b の向きに生じ，正なので，

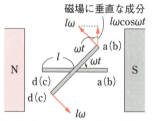

$$V_{ab} = l\omega\cos\omega t \cdot B \cdot 2l = 2l^2\omega B\cos\omega t \text{ [V]}$$

(2) (1)と同様に考えて，辺 cd に生じる誘導起電力 V_{cd} [V] は，c→d の向きに生じ，正なので，

$$V_{cd} = 2l^2\omega B\cos\omega t \text{ [V]}$$

また，辺 bc と辺 ad には誘導起電力は生じない。したがって，コイル abcd

全体に生じる誘導起電力 V〔V〕は,
$$V = V_{ab} + V_{cd} = 4l^2\omega B\cos\omega t \text{〔V〕}$$
……①

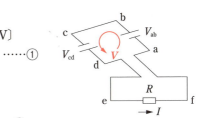

(3) 抵抗を流れる電流 I〔A〕は，①式より，
$$I = \frac{V}{R} = \frac{4l^2\omega B}{R}\cos\omega t \text{〔A〕} \quad \text{……②}$$

(4) ①式より，誘導起電力（抵抗にかかる電圧）の最大値は $V_0 = 4l^2\omega B$〔V〕，②式より，抵抗を流れる電流の最大値は $I_0 = \dfrac{4l^2\omega B}{R}$〔A〕とわかる。

公式　電圧・電流の実効値

$$（実効値）= \frac{（最大値）}{\sqrt{2}}$$

抵抗にかかる電圧の実効値 V_e〔V〕と，抵抗を流れる電流の実効値 I_e〔A〕は，
$$V_e = \frac{V_0}{\sqrt{2}} = 2\sqrt{2}\,l^2\omega B \text{〔V〕} \qquad I_e = \frac{I_0}{\sqrt{2}} = \frac{2\sqrt{2}\,l^2\omega B}{R} \text{〔A〕}$$

(5) 交流回路において，抵抗での平均消費電力を求めるには，実効値を用いる。

公式　抵抗での消費電力の平均値 $\overline{P}$〔W〕

$$\overline{P} = V_e I_e \qquad (V_e\text{〔V〕：電圧の実効値} \quad I_e\text{〔A〕：電流の実効値})$$

抵抗で消費される電力の平均値 $\overline{P}$〔W〕は，
$$\overline{P} = V_e I_e = 2\sqrt{2}\,l^2\omega B \cdot \frac{2\sqrt{2}\,l^2\omega B}{R} = \frac{8(l^2\omega B)^2}{R} \text{〔W〕}$$

答　(1) $2l^2\omega B\cos\omega t$〔V〕　(2) $4l^2\omega B\cos\omega t$〔V〕　(3) $\dfrac{4l^2\omega B}{R}\cos\omega t$〔A〕
(4) $\dfrac{2\sqrt{2}\,l^2\omega B}{R}$〔A〕　(5) $\dfrac{8(l^2\omega B)^2}{R}$〔W〕

25. 交流回路

交流回路 　　　　　　　　　　　　　　　　物理

図のように，電気容量C〔F〕のコンデンサー，自己インダクタンスL〔H〕のコイルからなる回路が，時刻t〔s〕の電圧が$V = V_0 \sin \omega t$〔V〕の交流電源に接続されている。角周波数ω〔rad/s〕は可変である。

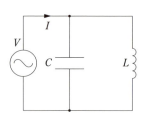

(1) コンデンサーに流れる電流を，C, ω, V_0, tを用いて表せ。
(2) コイルに流れる電流を，L, ω, V_0, tを用いて表せ。
(3) 全電流I〔A〕を，L, C, ω, V_0, tを用いて表せ。
(4) 角周波数ωを変化させると，ある値で全電流Iの振幅が0になった。このときの角周波数を，L, Cを用いて表せ。

〈東海大〉

 (1) 交流回路では，コンデンサーについて，次のことをおさえておこう。

公式　コンデンサーのリアクタンスと位相のずれ

リアクタンス：$\dfrac{1}{\omega C}$〔Ω〕　　$\begin{pmatrix}\omega\text{〔rad/s〕：角周波数}\\ C\text{〔F〕：電気容量}\end{pmatrix}$

電圧に対する電流の位相のずれ：$\dfrac{\pi}{2}$〔rad〕だけ進む

※　位相が$\dfrac{\pi}{2}$〔rad〕だけ進む　⟶　$\dfrac{1}{4}$周期だけ前にずれる

リアクタンスは抵抗値に相当するものなので，電流の最大値I_{C0}〔A〕は，電圧の最大値V_0〔V〕より，

$$I_{C0} = \dfrac{V_0}{\dfrac{1}{\omega C}} = \omega C V_0 \text{〔A〕}$$

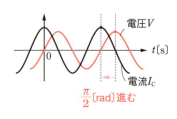

また，位相のずれを考慮すると，コンデンサーに流れる電流I_C〔A〕は，

$$I_C = I_{C0}\sin\left(\omega t + \frac{\pi}{2}\right) = I_{C0}\cos\omega t = \omega C V_0 \cos\omega t \text{(A)} \quad \cdots\cdots ①$$

(2) 交流回路では，コイルについて，次のことをおさえておこう。

> **公式　コイルのリアクタンスと位相のずれ**
>
> リアクタンス：ωL (Ω) 　　$\begin{pmatrix} \omega\text{(rad/s)}：角周波数 \\ L\text{(H)}：自己インダクタンス \end{pmatrix}$
>
> 電圧に対する電流の位相のずれ：$\dfrac{\pi}{2}$ (rad) だけ遅れる
>
> ※ 位相が $\dfrac{\pi}{2}$ (rad) だけ遅れる $\longrightarrow$ $\dfrac{1}{4}$ 周期だけ後にずれる

電流の最大値 I_{L0} (A) は，

$$I_{L0} = \frac{V_0}{\omega L} \text{(A)}$$

また，位相のずれを考慮すると，コイルに流れる電流 I_L (A) は，

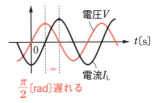

$\dfrac{\pi}{2}$ (rad) 遅れる

$$I_L = I_{L0}\sin\left(\omega t - \frac{\pi}{2}\right) = -I_{L0}\cos\omega t = -\frac{V_0}{\omega L}\cos\omega t \text{(A)} \quad \cdots\cdots ②$$

(3) 全電流 I (A) は，I_C (A) と I_L (A) の和になる。よって，①，②式より，

$$I = I_C + I_L = \left(\omega C - \frac{1}{\omega L}\right) V_0 \cos\omega t \text{(A)} \quad \cdots\cdots ③$$

(4) 全電流 I (A) の振幅が 0 なので，③式より，

$$\left(\omega C - \frac{1}{\omega L}\right) V_0 = 0 \quad よって，\quad \omega = \frac{1}{\sqrt{LC}} \text{(rad/s)}$$

答 (1) $\omega C V_0 \cos\omega t$ (A)　　(2) $-\dfrac{V_0}{\omega L}\cos\omega t$ (A)

(3) $I = \left(\omega C - \dfrac{1}{\omega L}\right) V_0 \cos\omega t$ (A)　　(4) $\dfrac{1}{\sqrt{LC}}$ (rad/s)

電気振動

起電力 E〔V〕の電池，抵抗値 R〔Ω〕の抵抗，自己インダクタンス L〔H〕のコイル，電気容量 C〔F〕のコンデンサー，スイッチ S_1, S_2 が図1のように接続されている。電池の内部抵抗およびコイルの抵抗は無視できる。最初，スイッチは開いており，コンデンサーは帯電していない。以下の文中の空欄にあてはまる数値または式を記せ。

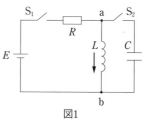

図1

(1) 最初の状態からスイッチ S_1 を閉じて十分に時間が経過すると，コイルに流れる電流が一定になった。このとき，ab間の電圧は ［ ア ］〔V〕であり，抵抗を流れる電流は ［ イ ］〔A〕であり，コイルに蓄えられるエネルギーは ［ ウ ］〔J〕である。

(2) (1)の状態でスイッチ S_2 を閉じた。その後，スイッチ S_1 を開くと，コイルを流れる電流は図2のように振動した。この振動の周期は $T = $ ［ エ ］〔s〕である。

この後，コイルを流れる電流が0Aになった瞬間，コンデンサーに蓄えられる電荷は ［ オ ］〔C〕である。

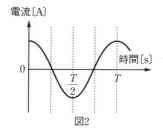

図2

〈九州産業大〉

(1) (ア) コイルは，流れる電流が一定のとき，誘導起電力を生じない。

Point
電流が変化しないとき，コイルは抵抗0の導線とみなせる。

よって，ab間の電圧は0Vである。

(イ) 抵抗には電圧 E〔V〕がかかるので，流れる電流 I_1〔A〕は，

$$I_1 = \frac{E}{R} \text{〔A〕}$$

(ウ) コイルは電流が流れているとき，回路のエネルギーを蓄えている。

公式	コイルに蓄えられるエネルギー U〔J〕

$$U = \frac{1}{2}LI^2 \qquad \left(\begin{array}{l} L\text{〔H〕：自己インダクタンス} \\ I\text{〔A〕：電流の大きさ} \end{array} \right)$$

電流 I_1〔A〕が流れているので，コイルに蓄えられるエネルギー U_L〔J〕は，

$$U_L = \frac{1}{2}LI_1^2 = \frac{1}{2}L\left(\frac{E}{R}\right)^2 \text{〔J〕}$$

(2)　(エ)　(1)の状態でスイッチ S_2 を閉じても，ab 間の電圧は 0V なので，コンデンサーには電荷が流れ込まず，コンデンサーに電荷は蓄えられない。スイッチ S_1 を開くと，コイルとコンデンサーによる LC 回路になる。LC 回路では，図2のように電流が振動する。この現象を**電気振動**という。

公式	電気振動の周期 T〔s〕

$$T = 2\pi\sqrt{LC} \qquad \left(\begin{array}{l} L\text{〔H〕：コイルの自己インダクタンス} \\ C\text{〔F〕：コンデンサーの電気容量} \end{array} \right)$$

この振動の周期 T〔s〕は，
$$T = 2\pi\sqrt{LC} \text{〔s〕}$$

(オ)　LC 回路では，回路のエネルギーが保存する。

Point

LC 回路では，コイルに蓄えられるエネルギーとコンデンサーに蓄えられるエネルギーの和は一定である。

コンデンサーに蓄えられる電荷を Q〔C〕とする。スイッチ S_1 を開いた直後と，コイルを流れる電流が 0A になった瞬間について，エネルギー保存の法則より，

$$\frac{1}{2}L\left(\frac{E}{R}\right)^2 = \frac{Q^2}{2C} \qquad \text{よって，} \quad Q = \frac{E}{R}\sqrt{LC}\text{〔C〕}$$

答　(1) (ア) 0　(イ) $\dfrac{E}{R}$　(ウ) $\dfrac{1}{2}L\left(\dfrac{E}{R}\right)^2$　(2) (エ) $2\pi\sqrt{LC}$　(オ) $\dfrac{E}{R}\sqrt{LC}$

第5章 磁気

25. 交流回路　**219**

第6章　原　子

26. 光の粒子性

光電効果 ①　　　　　　　　　　　　　　　　　　　　　　物理

次の文中の空欄にあてはまる語句または式を記せ。

　金属の表面に波長が短い光を当てると，その金属から電子が外部に飛び出してくる。この現象を ⑴ という。また，このとき飛び出す電子を ⑵ という。

　金属内の自由電子が，陽イオンからの引力の束縛をたち切って外部に飛び出すために必要なエネルギー W 〔J〕を ⑶ といい，金属表面に光を当てたとき，光子のエネルギーが W〔J〕より大きい場合に，金属内から電子が飛び出してくる。振動数 ν〔Hz〕の光子のエネルギーは，プランク定数を h〔J・s〕とすると，⑷ 〔J〕で与えられる。したがって，この光をある金属の表面に当てたときに，飛び出してくる最も速い電子の運動エネルギーは，⑸〔J〕で与えられる。さらに，その電子の速さは，電子の質量を m とすると，⑹〔m/s〕で与えられる。

〈秋田大〉

解説

⑴　金属の表面に波長が短い（振動数が大きい）光を当てると，金属から電子が飛び出してくる。この現象を**光電効果**という。

⑵　光電効果で金属から飛び出した電子を**光電子**という。

⑶　金属から電子が飛び出すためにはエネルギーが必要であり，そのエネルギーの最小値を**仕事関数**という。

⑷　光電効果では，光は光子という粒子の集まりと考える。一つひとつの光子は，質量をもたないが，振動数に比例したエネルギーをもつ。光子のエネルギーは，振動数を用いた表し方と，波の基本式を利用して変形した波長を用いた表し方の両方を覚えておこう。

公式　光子のエネルギー E〔J〕

$$E = h\nu = \frac{hc}{\lambda}$$

$\begin{pmatrix} h\text{〔J・s〕：プランク定数} & c\text{〔m/s〕：光の速さ} \\ \nu\text{〔Hz〕：光の振動数} & \lambda\text{〔m〕：光の波長} \end{pmatrix}$

> **注** 波動分野では，振動数はf〔Hz〕，速さはv〔m/s〕と書いていたが，原子分野では，光の振動数はν〔Hz〕（νはニューと読む），光の速さはc〔m/s〕と書く（波長はどちらもλ〔m〕）。波の基本式$v = f\lambda$は，原子分野では$c = \nu\lambda$となる。

光の振動数がν〔Hz〕なので，光子のエネルギーE〔J〕は，

$$E = h\nu \text{〔J〕} \quad \cdots\cdots ①$$

(5) 光電子のエネルギーについて考えよう。金属表面に当たった光子は，もっていたエネルギーE〔J〕をすべて金属中の電子に与える（光子は消滅する）。仕事関数がW〔J〕なので，飛び出した後の電子の運動エネルギーの最大値をK_{max}〔J〕とすると，これらのエネルギーの関係は，

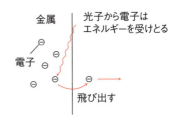

$$E = W + K_{max}$$

ここで，仕事関数Wは金属から飛び出すために最小限必要なエネルギーなので，K_{max}は飛び出した光電子の最大運動エネルギーになる。K_{max}は，最も速い電子の運動エネルギーを示しているので，①式を用いて，

$$K_{max} = E - W = h\nu - W \text{〔J〕} \quad \cdots\cdots ②$$

公式　光電効果

$$K_{max} = h\nu - W$$

$\begin{pmatrix} K_{max}\text{〔J〕：光電子の最大運動エネルギー} \\ h\text{〔J·s〕：プランク定数} \\ \nu\text{〔Hz〕：光の振動数} \quad W\text{〔J〕：仕事関数} \end{pmatrix}$

(6) その電子の速さをv〔m/s〕とすると，

$$K = \frac{1}{2}mv^2$$

②式に代入して，

$$\frac{1}{2}mv^2 = h\nu - W \quad \text{よって，} \quad v = \sqrt{\frac{2(h\nu - W)}{m}} \text{〔m/s〕}$$

 (1) 光電効果　(2) 光電子　(3) 仕事関数　(4) $h\nu$　(5) $h\nu - W$
(6) $\sqrt{\dfrac{2(h\nu - W)}{m}}$

26. 光の粒子性

問題 109 光電効果 ②   物理

図1のような装置を用意して実験を行った。なお，電子の電荷を $-e$ [C] ($e > 0$)，プランク定数を h [J·s] とする。

金属板Kに光を当てると電極Pに向かって光電子が飛び出す。この現象を光電効果という。振動数および強さが一定の光をKに照射し，KP間の電圧（Kに対するPの電位）を変えながら電流の変化を調べたところ図2のようになった。電圧が $-V_0$ [V] のときに電流が0であることから，光電子の最大運動エネルギーは，V_0 を用いて ［ア］ [J] と計算される。

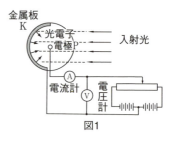

図1

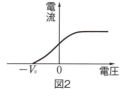

図2

次に，光の振動数を変えながら実験すると，振動数が ν_0 [Hz] 以下では光電子は飛び出さなかった。ν_0 を ［イ］ という。光電子が飛び出すために必要な最低エネルギーを仕事関数とよび，［ウ］ [J] である。ν_0 より大きな振動数 ν [Hz] の光をあてたとき放出される光電子の最大運動エネルギーは，［エ］ [J] と計算される。

(1) 文中の空欄にあてはまる式または語句を記せ。
(2) 光の振動数を変えずに強さを2倍にした場合の電流と電圧の関係を図2に描き込め。

〈北見工業大〉

電流計を通る導線は電極Pで途切れており，通常であれば電流は流れない。電流が流れるのは，光の当たった金属板Kから光電効果で光電子が飛び出し，電極Pに到達したためである。光電子により流れる電流を**光電流**という。また，電圧計は，電極Pと金属板Kの間の電圧を測っており，抵抗や電源はこの電圧を変えるためにあるものと考えればよい。

(1) （ア） 金属板Kから飛び出した光電子は電極Pに向かうが，KP間に電圧がかかりK→Pに向かう電場が生じると，負電荷の光電子はP→Kの向きに力を受けて減速される。電圧 $-V_0$ [V] のとき，最大の運動エネルギーをもつ光電子でも，ぎりぎり電極Pに到達できず（電極Pに到達する直前で速

さが0），光電流が0になる。この電圧の大きさV_0を**阻止電圧**という。光電子の最大運動エネルギーK_{max}〔J〕は，エネルギー保存の法則より，
$$K_{max} = eV_0 〔J〕$$

注 Kに対するPの電位が$-V_0$なので，運動エネルギーと静電気力による位置エネルギーの和を考えて立式すると，$K_{max} + 0 = 0 + (-e)(-V_0)$となる。

公式 阻止電圧 V_0〔V〕

$$K_{max} = eV_0 \quad \begin{pmatrix} e〔C〕：電子の電気量の大きさ \\ K_{max}〔J〕：光電子の最大運動エネルギー \end{pmatrix}$$

(イ) 金属に当てる光の振動数がν_0以下では，電子が仕事関数に相当するエネルギーを得られず，光電効果は起きない。振動数ν_0を**限界振動数**という。

(ウ) 限界振動数ν_0では，電子が光子から受けたエネルギーはすべて金属板Kから飛び出すためだけに使われるので，光電子の運動エネルギーは0になる。仕事関数をW〔J〕とすると，p.221 **公式** 光電効果を用いて，
$$0 = h\nu_0 - W \quad よって，\quad W = h\nu_0 〔J〕$$

公式 限界振動数 ν_0〔Hz〕

$$W = h\nu_0 \quad (W〔J〕：仕事関数 \quad h〔J\cdot s〕：プランク定数)$$

(エ) 光子から受けるエネルギーは$h\nu$〔J〕なので，光電子の最大運動エネルギーK_{max}〔J〕は，
$$K_{max} = h\nu - W = h\nu - h\nu_0 = h(\nu - \nu_0) 〔J〕$$

(2) 光の振動数を変えないので，光電子1個のエネルギーも変わらず，(1)(ア)より，阻止電圧は変わらない。また，「光の強さ」とは，単位時間(1秒)あたりに到達する光子のエネルギーの和なので，光の強さを2倍にすると，光子の数も2倍になり，光電流も2倍になる。よって，電流と電圧の関係は上図のようになる。

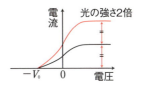

答 (1)(ア) eV_0 (イ) 限界振動数 (ウ) $h\nu_0$ (エ) $h(\nu - \nu_0)$ (2) 解説図

コンプトン効果

次の文中の空欄にあてはまる式を記せ。

図のように、波長 λ〔m〕のX線光子が x 軸上を進み原点に静止している質量 m〔kg〕の電子によって散乱される。真空中の光の速さを c〔m/s〕, プランク定数を h〔J·s〕とすると, 散乱前のX線光子がもっているエネルギーは 〔(1)〕〔J〕, その運動量は 〔(2)〕〔kg·m/s〕と表される。散乱後, X線光子は x 軸から ϕ の角度をなす方向に波長 λ'〔m〕となって進み、電子は x 軸から θ の角度をなす方向に速さ v〔m/s〕で進んだ。散乱の前後で運動量とエネルギーが保存されることから, x 軸方向についての運動量保存の式は 〔(3)〕, y 軸方向についての運動量保存の式は 〔(4)〕と表され, エネルギー保存の式は 〔(5)〕と表される。

〈兵庫県立大〉

解説

(1) 散乱前のX線光子がもっているエネルギー E〔J〕は,
$$E = \frac{hc}{\lambda} \text{〔J〕}$$

(2) 光子の運動量は次のように表される。

公式 光子の運動量 p〔kg·m/s〕

$$p = \frac{h}{\lambda} = \frac{h\nu}{c}$$

h〔J·s〕: プランク定数　　c〔m/s〕: 光の速さ
ν〔Hz〕: 光の振動数　　λ〔m〕: 光の波長

これより、散乱前のX線光子がもっている運動量 p〔kg·m/s〕は,
$$p = \frac{h}{\lambda} \text{〔kg·m/s〕}$$

(3) X線を物質に当てたとき、散乱されたX線の中に入射したX線よりも波長の長いX線が観測される現象がある。これがコンプトン効果であり、「X線光子と電子の弾性衝突」によるものと考え、運動量保存の法則の式とエネルギー保存の法則の式を立てる。

224

右図より，x軸方向の運動量保存の式は，
$$\frac{h}{\lambda} = \frac{h}{\lambda'}\cos\phi + mv\cos\theta \quad \cdots\cdots ①$$

(4) y軸方向の運動量保存の式は，
$$0 = \frac{h}{\lambda'}\sin\phi - mv\sin\theta \quad \cdots\cdots ②$$

(5) エネルギー保存の式は，$\dfrac{hc}{\lambda} = \dfrac{hc}{\lambda'} + \dfrac{1}{2}mv^2 \quad \cdots\cdots ③$

注 波長変化 $\varDelta\lambda = \lambda' - \lambda$ 〔m〕を求める計算もできるようにしておこう。

①式を移項して2乗すると，$(mv\cos\theta)^2 = \left(\dfrac{h}{\lambda} - \dfrac{h}{\lambda'}\cos\phi\right)^2 \quad \cdots\cdots ①'$

②式を移項して2乗すると，$(mv\sin\theta)^2 = \left(\dfrac{h}{\lambda'}\sin\phi\right)^2 \quad \cdots\cdots ②'$

①'式と②'式を辺々たして，$\cos^2\theta + \sin^2\theta = 1$ を用いると，θ が消去されて，
$$m^2v^2 = \left(\frac{h}{\lambda}\right)^2 - 2\frac{h^2}{\lambda\lambda'}\cos\phi + \left(\frac{h}{\lambda'}\cos\phi\right)^2 + \left(\frac{h}{\lambda'}\sin\phi\right)^2$$

さらに，$\cos^2\phi + \sin^2\phi = 1$ を用いると，$m^2v^2 = \left(\dfrac{h}{\lambda}\right)^2 - 2\dfrac{h^2}{\lambda\lambda'}\cos\phi + \left(\dfrac{h}{\lambda'}\right)^2$

ここで，両辺に $\dfrac{1}{2m}$ をかけると，$\dfrac{1}{2}mv^2 = \dfrac{h^2}{2m}\left(\dfrac{1}{\lambda^2} + \dfrac{1}{\lambda'^2} - \dfrac{2\cos\phi}{\lambda\lambda'}\right) \quad \cdots\cdots ④$

③式に④式を代入すると，$\dfrac{hc}{\lambda} - \dfrac{hc}{\lambda'} = \dfrac{h^2}{2m}\left(\dfrac{1}{\lambda^2} + \dfrac{1}{\lambda'^2} - \dfrac{2\cos\phi}{\lambda\lambda'}\right)$

両辺に $\dfrac{\lambda\lambda'}{hc}$ をかけると，$\lambda' - \lambda = \dfrac{h}{2mc}\left(\dfrac{\lambda'}{\lambda} + \dfrac{\lambda}{\lambda'} - 2\cos\phi\right)$

$\varDelta\lambda = \lambda' - \lambda$ が λ や λ' に比べて十分に小さいとき，$\dfrac{\lambda'}{\lambda} + \dfrac{\lambda}{\lambda'} \fallingdotseq 2$ が成り立つので，
$$\varDelta\lambda = \lambda' - \lambda = \frac{h}{2mc}(2 - 2\cos\phi) = \frac{h}{mc}(1 - \cos\phi) \,〔m〕$$

答 (1) $\dfrac{hc}{\lambda}$ (2) $\dfrac{h}{\lambda}$ (3) $\dfrac{h}{\lambda} = \dfrac{h}{\lambda'}\cos\phi + mv\cos\theta$

(4) $0 = \dfrac{h}{\lambda'}\sin\phi - mv\sin\theta$ (5) $\dfrac{hc}{\lambda} = \dfrac{hc}{\lambda'} + \dfrac{1}{2}mv^2$

26. 光の粒子性

27. 粒子の波動性と原子構造

問題 111 物質波とブラッグ反射　　　　　　　　　　　　　　　　　物理

次の文中の空欄(1)については(ア)～(ウ)のうち正しいものを1つ選び，(2)～(5)はあてはまる式を記せ。

光やX線などは，波動としての性質だけでなく，粒子としての性質をあわせもっていることが，光電効果やコンプトン効果によって知られている。ド・ブロイは，これとは逆に粒子だと考えられていた電子などにも波動性があるのではないかと考えた。このように，物質粒子が波動としてふるまうときの波を **(1) (ア) 電磁波，(イ) 物質波，(ウ) 音波** といい，その波長をド・ブロイ波長という。質量 m (kg)，速さ v (m/s) の電子が示すド・ブロイ波長 λ (m) は，m，v とプランク定数 h (J·s) を用いて，$\lambda =$ **(2)** (m) と表される。

図1のような実験装置で，フィラメントから速さ0で放出された質量 m (kg)，電荷 $-e$ (C) ($e > 0$) の電子が電圧 V (V) によって加速されたとき，加速後の電子の速さを v とすると，$v =$ **(3)** (m/s) と表される。また，この電子のド・ブロイ波長 λ は，m，e，V，h を用いて $\lambda =$ **(4)** (m) と表される。加速された電子をビーム状の電子線にして，図中の非常に薄い結晶に入射させると，X線と同様に結晶を構成する原子からある角度で散乱された電子線が強め合う。結晶付近を拡大した図2で考えると，結晶中の原子の並んだ格子面の面間隔を d (m)，入射電子線と格子面のなす角度を θ として，**(5)** $= n\lambda$（n は自然数）の関係式を満たすときに，格子面と角 θ をなす方向に出た電子線が強め合う。この関係式から結晶の格子間隔や構造を決めることができる。

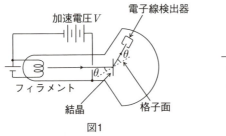
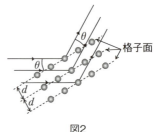

図1　　　　　　　図2

〈秋田大〉

(1) 電子などの物質粒子は，波動性ももち，その波を**物質波**という。物質波は**ド・ブロイ波**ともいう。

(2) **物質波の波長**は**ド・ブロイ波長**ともいい，次の式で表される。

> **公式** 物質波の波長（ド・ブロイ波長）λ [m]
> $$\lambda = \frac{h}{mv} \quad \begin{pmatrix} h\,[\text{J}\cdot\text{s}]：\text{プランク定数} \\ m\,[\text{kg}]：質量 \quad v\,[\text{m/s}]：速さ \end{pmatrix}$$

この電子のド・ブロイ波長 λ [m] は，$\lambda = \dfrac{h}{mv}$ [m] ……①

(3) エネルギー保存の法則よりわかる，次のことをおさえておこう。

> **Point**
> 加速電圧 V [V] によって，q [C] の電荷は qV [J] のエネルギーを得る。

電子は初速が0で，電荷の大きさが e [C] なので，
$$\frac{1}{2}mv^2 = eV \quad \text{よって，} \quad v = \sqrt{\frac{2eV}{m}}\,[\text{m/s}] \quad ……②$$

(4) ①式に②式を代入すると，
$$\lambda = \frac{h}{m}\cdot\sqrt{\frac{m}{2eV}} = \frac{h}{\sqrt{2emV}}\,[\text{m}]$$

(5) 電子を波動として，電子線（電子の流れ）が強め合う条件を考えていこう。

> **Point**
> 物質波の干渉条件は，光の干渉条件と同じ。

回折格子での光の干渉と同じように，となり合う電子線の経路差で干渉条件の式を立てよう。右図のように，電子線（射線に相当）に垂直な線（波面に相当）を引けば，経路差は AB + BC になる。△ABD と △CBD に着目して，角度 θ と格子面の間隔 d [m] を用いると，AB = BC = $d\sin\theta$ [m] となる。よって，干渉条件は，
$$2d\sin\theta = n\lambda$$

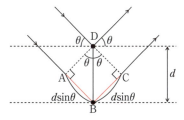

注　この条件を満たして強め合う反射を，ブラッグ反射という。

 (1) (イ)　(2) $\dfrac{h}{mv}$　(3) $\sqrt{\dfrac{2eV}{m}}$　(4) $\dfrac{h}{\sqrt{2emV}}$　(5) $2d\sin\theta$

27. 粒子の波動性と原子構造　227

問題 112 ボーアの水素原子模型 ◀物理

水素原子内において，電子は電荷$+e$〔C〕($e>0$)の原子核のまわりを静電気力を向心力として等速円運動(半径r〔m〕，速さv〔m/s〕)しているものとする。ただし，電子の電荷を$-e$〔C〕，質量をm〔kg〕，プランク定数をh〔J・s〕，クーロンの法則の比例定数をk_0〔N・m²/C²〕とする。

(1) 電子の運動方程式を書け。
(2) 電子にともなう物質波が軌道の周にそって定常波を作っているものとして，このとき満たすべき条件式を示せ。ただし，自然数をnとする。
(3) (1), (2)の結果よりvを消去して，半径r〔m〕を求めよ。
(4) 電子の全エネルギーE〔J〕をe, m, h, k_0, nで表せ。ただし，電子と原子核が無限に離れているときの位置エネルギーを0とする。
(5) 水素原子による光の吸収・放出のスペクトルは$\dfrac{1}{\lambda}=R\left(\dfrac{1}{n_1^2}-\dfrac{1}{n_2^2}\right)$で与えられる。ここで，$\lambda$〔m〕は光の波長，$n_1, n_2$は正の整数で$n_2>n_1$である。$R$〔1/m〕を$e, m, h, k_0$および真空中の光の速さ$c$〔m/s〕で表せ。

〈島根大〉

(1) 水素の原子核には，電荷$+e$〔C〕の陽子が1個あり，電子には原子核に向かう向きに静電気力がはたらいている。よって，電子の運動方程式は，

$$m\dfrac{v^2}{r}=k_0\dfrac{e^2}{r^2} \quad \cdots\cdots ①$$

(2) 電子が定常状態を保つとき，円軌道の円周の長さが電子の物質波(電子波)の波長の整数倍になっている。これを**量子条件**という。電子波の波長は$\lambda=\dfrac{h}{mv}$〔m〕なので，

$$2\pi r=n\cdot\dfrac{h}{mv} \quad \cdots\cdots ②$$

(3) ②式よりvを求め，①式に代入すると，

$$\dfrac{m}{r}\left(\dfrac{nh}{2\pi mr}\right)^2=k_0\dfrac{e^2}{r^2} \quad \text{よって，} \quad r=\dfrac{h^2}{4\pi^2 k_0 e^2 m}\cdot n^2\text{〔m〕} \quad \cdots\cdots ③$$

(4) 電子は運動エネルギーと，静電気力による位置エネルギーをもつ。原子核

を $+e$ [C] の点電荷と考えて，無限遠を基準にすると，電子の位置での電位 V [V] は $V = k_0 \dfrac{e}{r}$ となるので，$E = \dfrac{1}{2}mv^2 + (-e)V = \dfrac{1}{2}mv^2 - \dfrac{k_0 e^2}{r}$

①式より v を消去して，$E = \dfrac{1}{2} \cdot \dfrac{k_0 e^2}{r} - \dfrac{k_0 e^2}{r} = -\dfrac{k_0 e^2}{2r}$

③式を代入して，$E = -\dfrac{k_0 e^2}{2} \cdot \dfrac{4\pi^2 k_0 e^2 m}{h^2} \cdot \dfrac{1}{n^2} = -\dfrac{2\pi^2 k_0^2 e^4 m}{h^2} \cdot \dfrac{1}{n^2}$ [J] $(=E_n)$

注 n 番目の軌道でもつエネルギーを E_n と書き，この E_n を n 番目の軌道のエネルギー準位という。n が大きくなると E_n も大きくなり，エネルギーが最低の $n=1$ の状態を基底状態，$n \geqq 2$ の状態を励起状態という。また，n のことを量子数という。

(5) 電子が内側の軌道に移るときエネルギーが減少し，その減少分は1個の光子として放出される。この光の振動数 ν [Hz] は，次の式によって決まる。

$$h\nu = E_{n_2} - E_{n_1} \quad (n_2 > n_1)$$

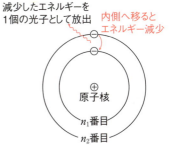

これを**振動数条件**という。$\nu = \dfrac{c}{\lambda}$ なので，

$$\dfrac{hc}{\lambda} = E_{n_2} - E_{n_1}$$
$$= \left(-\dfrac{2\pi^2 k_0^2 e^4 m}{h^2} \cdot \dfrac{1}{n_2^2}\right) - \left(-\dfrac{2\pi^2 k_0^2 e^4 m}{h^2} \cdot \dfrac{1}{n_1^2}\right)$$

右辺をまとめて，両辺を hc で割れば，$\dfrac{1}{\lambda} = \dfrac{2\pi^2 k_0^2 e^4 m}{ch^3}\left(\dfrac{1}{n_1^2} - \dfrac{1}{n_2^2}\right)$

問題中で与えられた式と比較して，$R = \dfrac{2\pi^2 k_0^2 e^4 m}{ch^3}$ [1/m]

注 この定数 R はリュードベリ定数とよばれる。

> **Point** ボーアの理論
> 量子条件：円軌道の円周の長さが電子波の波長の整数倍
> 振動数条件：エネルギー準位の差が吸収・放出する光子のエネルギー

答 (1) $m\dfrac{v^2}{r} = k_0\dfrac{e^2}{r^2}$　(2) $2\pi r = n \cdot \dfrac{h}{mv}$　(3) $r = \dfrac{h^2}{4\pi^2 k_0 e^2 m} \cdot n^2$ [m]
(4) $-\dfrac{2\pi^2 k_0^2 e^4 m}{h^2} \cdot \dfrac{1}{n^2}$ [J]　(5) $R = \dfrac{2\pi^2 k_0^2 e^4 m}{ch^3}$ [1/m]

27. 粒子の波動性と原子構造

問題 113 X線の発生

次の文中の空欄にあてはまる語句または式を記せ。

X線は，電子を高い電圧で加速して物質に当てることによって，電子の運動エネルギーの一部または全部がX線の光子になることで発生させることができる。図は発生したX線スペクトルの例である。このように放出されるX線のうち，いろいろな波長のものが連続して含まれるX線を ⎡(1)⎦ X線という。また，物質の種類だけで決まるX線を ⎡(2)⎦ X線という。

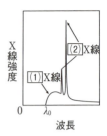

初速0で陰極を出た電荷 $-e$ [C] ($e > 0$) の電子を電圧 V [V] で加速し，陽極に当てたとき，電子の得る運動エネルギーは， ⎡(3)⎦ [J] である。1個の入射電子の運動エネルギーのすべてが1個のX線の光子になるとき，最も大きなエネルギーのX線の光子が放出される。この最も大きなエネルギーのX線の波長が最短である。プランク定数を h [J·s]，真空中の光の速さを c [m/s] とすると，最短X線の波長 λ_0 [m] と電圧 V との関係は，$\lambda_0 = $ ⎡(4)⎦ となる。この最短波長は陽極の物質によらず，電子の加速電圧 V で決まり，V が ⎡(5)⎦ ほど，λ_0 は短くなる。

⎡(2)⎦ X線は，陽極中の原子のエネルギー準位が原因で生じる。原子が高いエネルギー準位 E_n [J] の状態から，低いエネルギー準位 $E_{n'}$ [J] の状態に移るときに放出するX線の光子のエネルギーは， ⎡(6)⎦ であるので，放出される ⎡(2)⎦ X線の波長は， ⎡(7)⎦ [m] となる。

〈北見工業大〉

(1) 高電圧で加速した電子を金属に当てると，電磁波の一種であるX線が発生する。発生したX線のうち，いろいろな波長が連続的に分布しているものを**連続X線**という。

(2) 電子を当てる金属の種類によって，ある特定の波長のX線が強く発生する。このようなX線を**固有X線**または**特性X線**という。

(3) 電子の初速は0で，加速電圧が V [V] なので，電子が得る運動エネルギー K [J] は，

$$K = eV \text{ [J]} \quad \cdots\cdots ①$$

(4) 放出されるX線光子の最大エネルギー E_0 [J] は，最短波長が λ_0 [m] であるから，

230

$$E_0 = \frac{hc}{\lambda_0} \text{〔J〕} \quad \cdots\cdots ②$$

電子が陽極に当たるときに失うエネルギーが，X線として放出される。最大エネルギーのX線は，電子がもっていた運動エネルギーKをすべて失った場合に放出されるので，$K = E_0$ となり，①式と②式を代入して，

$$eV = \frac{hc}{\lambda_0} \quad \text{よって，} \quad \lambda_0 = \frac{hc}{eV} \text{〔m〕} \quad \cdots\cdots ③$$

(5) ③式より，加速電圧Vが大きいほど，最短波長λ_0は短くなる。

(6) 固有X線は，加速されて当たった電子が直接放出するのではなく，もともと陽極中に存在していた電子のエネルギー準位が低くなることによって発生する。右図のように，加速された電子が内側の軌道にあった電子をはじき飛ばし，外側の軌道にあった電子が内側の軌道に移るとき，この電子のエネルギー準位が低くなって，エネルギーを放出する。放出するエネルギーE〔J〕は，

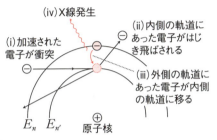

$$E = E_n - E_{n'} \text{〔J〕}$$

(7) 放出される固有X線の波長をλ〔m〕とすると，放出されるX線光子のエネルギーは $E = \dfrac{hc}{\lambda}$〔J〕と表すことができる。よって，(6)の結果と合わせて，

$$\frac{hc}{\lambda} = E_n - E_{n'} \quad \text{よって，} \quad \lambda = \frac{hc}{E_n - E_{n'}} \text{〔m〕}$$

Point
加速電圧を大きくすると，連続X線の最短波長は短くなるが，固有X線の波長は変わらない。

(1) 連続　(2) 固有（または　特性）　(3) eV　(4) $\dfrac{hc}{eV}$　(5) 大きい　(6) $E_n - E_{n'}$　(7) $\dfrac{hc}{E_n - E_{n'}}$

27. 粒子の波動性と原子構造

28. 原子核反応

問題 114 原子核の崩壊 ①　　　　　　　　　　　　　　　　物理基礎　物理

次の文中の空欄にあてはまる語句または数字を記せ。

(1) 放射性物質の崩壊過程には大きく分けて3種類ある。1つはα崩壊である。この崩壊によって［ア］の原子核が放出され，崩壊した原子核は［イ］が4減少し，原子番号（陽子の数）が［ウ］減少する。また，β崩壊においては原子核中の［エ］が陽子に変わり［オ］が放出される。この崩壊によって陽子の数は1つ増加する。α崩壊やβ崩壊後の原子核の多くはエネルギーの高い不安定な励起状態にあるため，より低いエネルギー状態の安定な原子核になる。このときに［カ］が放出される。この［カ］は電磁波の一種であり，一般にX線より波長が［キ］，物質を透過する能力が［ク］といった特徴がある。

(2) $^{238}_{92}\text{U}$ と $^{235}_{92}\text{U}$ のように原子番号が等しく［イ］が異なるものを［ケ］という。$^{235}_{92}\text{U}$ はα崩壊を［コ］回，β崩壊を［サ］回くり返して $^{207}_{82}\text{Pb}$ に変換される。

〈岩手大〉

解説　原子核は，正電荷の**陽子**と，電荷をもたない**中性子**が集まってできている。陽子と中性子をまとめて**核子**という。原子核は元素記号を用いて次のように表す。

Point 原子核の表し方

※ Xは元素記号で，元素記号と原子番号Zは1対1に対応する。

(1) (ア) α崩壊では，原子核からヘリウム原子核 ^4_2He が放出される。この放出されたヘリウム原子核の流れを**α線**という。

(イ) ヘリウム原子核 ^4_2He は陽子2個と中性子2個からなる。このヘリウム原子核が放出されるということは，核子4個が放出されるので，崩壊した原子核の質量数は4減少する。

(ウ) 陽子2個が放出されるので，原子番号は2減少する。

(エ) β崩壊では，原子核中の中性子が陽子に変わっている。

(オ) 原子核中の中性子が陽子に変わると同時に，電子が放出される。この放

出された電子の流れをβ線という。β崩壊では原子番号が1増加する。なお，質量数は変化しない。

(カ) 原子核が高いエネルギーの不安定な状態から，低いエネルギーの安定な状態になるとき，その差のエネルギーをγ線(の光子)として放出する。これがγ崩壊で，γ線は，電波，赤外線，可視光線，紫外線やX線と同様に電磁波の一種である。

(キ) γ線は，電磁波の中で最も波長が短く，X線より波長が短い。

(ク) γ線は物質を透過する能力が強い。なお，γ崩壊では，原子番号と質量数はともに変化しない。

ここで，α崩壊，β崩壊，γ崩壊についてまとめておこう。

Point 放射性原子核の崩壊

	原子番号変化	質量数変化	電離作用	透過力
α崩壊	-2	-4	強	弱
β崩壊	$+1$	0	中	中
γ崩壊	0	0	弱	強

※ 電離作用：まわりの物質をイオン化する作用(電子をはじき飛ばす作用)
※ 透過力：物質を通り抜ける能力

(2) (ケ) 原子番号が等しく，質量数が異なるものを**同位体**という。同位体は同じ元素記号で表される。

(コ) 崩壊による，質量数と原子番号の変化に着目して，式を立てて考えていこう。質量数が235から207に変化しているので，α崩壊の回数をxとして，
$$235 - 4x = 207 \quad \text{よって，} \quad x = 7 \text{〔回〕}$$

(サ) 原子番号が92から82に変化しているので，β崩壊の回数をyとして，
$$92 - 2x + y = 82$$
$x = 7$を代入して，$y = 4$〔回〕

(1) (ア) ヘリウム　(イ) 質量数　(ウ) 2　(エ) 中性子　(オ) 電子
(カ) γ線　(キ) 短く　(ク) 強い
(2) (ケ) 同位体　(コ) 7　(サ) 4

問題 115 原子核の崩壊 ② 物理

次の文中の空欄にあてはまる式または数値を記せ。(3)は有効数字2桁で，(4)は有効数字3桁で答えよ。

静止していたウラン ^{235}U が α 崩壊して，運動エネルギーが 4.4×10^6 eV の α 線を放出してトリウム Th になった。α 粒子の質量を $M_α$，速さを $V_α$，Th の質量を M_t，速さを V_t とすると，運動量保存の法則より $\dfrac{V_t}{V_α} = $ □(1)□ の関係式が導かれる。また，α 粒子の運動エネルギーを $E_α$，Th の運動エネルギーを E_t とすると，$\dfrac{E_t}{E_α} = $ □(2)□ の関係式が成り立つ。したがって，Th の運動エネルギーは □(3)□ eV と計算される。また，この崩壊における ^{235}U の半減期は7.04億年である。したがって，□(4)□ 億年後の ^{235}U の量はもとの量の $\dfrac{1}{10}$ となる。ただし，$\log_{10} 2 = 0.301$ である。

〈三重大〉

(1) この原子核反応は，ウラン ^{235}U が，α 粒子とトリウム Th に分裂したと考えられる。次のことをおさえておこう。

Point
原子核反応では，運動量保存の法則が成り立つ。

α 崩壊する前，静止していたウラン ^{235}U の運動量は 0 である。運動量保存の法則が成り立つので，崩壊後の α 粒子とトリウム Th の運動量の和も 0 である。これより，α 粒子とトリウム Th はそれぞれ逆向きに運動することがわかる。運動量保存の法則より，

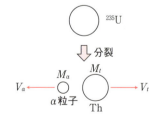

$$0 = M_α V_α + M_t(-V_t) \quad \text{よって，} \quad \dfrac{V_t}{V_α} = \dfrac{M_α}{M_t} \quad \cdots\cdots ①$$

(2) α 粒子の運動エネルギー $E_α$ と，トリウム Th の運動エネルギー E_t は，

$$E_α = \dfrac{1}{2} M_α V_α^2 \qquad E_t = \dfrac{1}{2} M_t V_t^2$$

よって, ①式を用いて,

$$\frac{E_t}{E_\alpha} = \frac{\frac{1}{2}M_t V_t^2}{\frac{1}{2}M_\alpha V_\alpha^2} = \frac{M_t}{M_\alpha}\left(\frac{V_t}{V_\alpha}\right)^2 = \frac{M_t}{M_\alpha}\left(\frac{M_\alpha}{M_t}\right)^2 = \frac{M_\alpha}{M_t} \quad \cdots\cdots②$$

(3) (2)の結果から, 運動エネルギーの比は, 質量の逆比になっている。α粒子の運動エネルギーが与えられているので, α粒子の質量とトリウム Th の質量の比がわかれば, トリウム Th の運動エネルギーを求めることができる。ここで, α粒子がヘリウム原子核 $^4_2$He であることを思い出そう。この崩壊の反応式は, 質量数を明記すると, ^{235}U $\longrightarrow$ ^{4}He $+$ ^{231}Th
質量の比は, 質量数の比とほぼ等しいので, ②式より,

$$E_t = \frac{M_\alpha}{M_t}\cdot E_\alpha ≒ \frac{4}{231} \times 4.4 \times 10^6 ≒ 7.6 \times 10^4 〔\mathrm{eV}〕$$

注 〔eV〕はエネルギーの単位であり, 1〔eV〕は電子を加速電圧1〔V〕で加速したときに得るエネルギーに等しい。電気素量を e〔C〕(電子の電気量を $-e$〔C〕)とすると, 1〔eV〕$= e$〔J〕である。また, 1〔MeV〕$= 10^6$〔eV〕$= e \times 10^6$〔J〕である。

(4) 放射性原子核が崩壊して, 原子核の数がもとの半分になるまでの時間を半減期という。ある時間経過したとき, 残った原子核の数は次の式で表される。

公式 　**半減期 T**

$$N = N_0\left(\frac{1}{2}\right)^{\frac{t}{T}} \quad \begin{pmatrix} N: 崩壊せずに残った原子核の数 \\ N_0: はじめの原子核の数 \quad t: 経過時間 \end{pmatrix}$$

半減期が7.04億年なので, ウラン ^{235}U の量がもとの $\frac{1}{10}$ になるまでの時間

を t〔億年〕とすると, $\quad \frac{1}{10} = \left(\frac{1}{2}\right)^{\frac{t}{7.04}}$

両辺の対数をとって,

$$\log_{10}\frac{1}{10} = \log_{10}\left(\frac{1}{2}\right)^{\frac{t}{7.04}} \quad よって, \quad -1 = -\frac{t}{7.04}\log_{10}2$$

$\log_{10}2 = 0.301$ より, $\quad t = \frac{7.04}{\log_{10}2} = \frac{7.04}{0.301} ≒ 23.4$〔億年〕

答 (1) $\dfrac{M_\alpha}{M_t}$　　(2) $\dfrac{M_\alpha}{M_t}$　　(3) 7.6×10^4　　(4) 23.4

28. 原子核反応　　**235**

問題 116 原子核反応

重水素の原子核Dが2個結合して，原子核Xと中性子nを生じる原子核反応
$$D + D \longrightarrow X + n$$
について考える。各原子核と中性子の質量は，原子質量単位uを使って，
$$D : 2.0136 (u) \quad X : 3.0149 (u) \quad n : 1.0087 (u)$$
で与えられる。数値計算に必要ならば次の数値を使い，(2)は有効数字2桁で答えよ。
$$真空中の光の速さ c = 3.0 \times 10^8 (m/s) \quad 1 (u) = 1.7 \times 10^{-27} (kg)$$

(1) 重水素の原子核Dは，1個の陽子と1個の中性子からできている。原子核Xの原子番号Zと質量数Aを求めよ。また，原子核Xの元素名を答えよ。

(2) この原子核反応で放出されるエネルギーE(J)を数値で求めよ。

〈埼玉大〉

(1) 原子核反応式を立てるときは，つねに次のことに注意しよう。

Point
原子核反応式では，原子番号(左下の数字)の和と，質量数(左上の数字)の和は，それぞれ保存する。

注 原子番号(左下の数字)の和が保存することは，電気量保存の法則を意味する。

重水素の原子核Dは，1個の陽子と1個の中性子からできているので，^2_1H と表される。また，中性子nは，電気量が0で核子1個分の質量をもつので，^1_0n と表すことができる。原子核Xの原子番号Zと質量数Aを用いて，この原子核反応は次のように書ける。
$$^2_1H + ^2_1H \longrightarrow ^A_ZX + ^1_0n$$
原子番号の和が保存するので，
$$1 + 1 = Z + 0 \quad よって，\quad Z = 2$$
質量数の和が保存するので，
$$2 + 2 = A + 1 \quad よって，\quad A = 3$$
原子番号が$Z = 2$なので，原子核Xの元素名はヘリウムである。

注 中性子を^1_0nと書いたが，陽子は^1_1pと書く(^1_1pは^1_1Hと同じものである)。元素記号については，原子番号$Z = 1$が水素でH，$Z = 2$がヘリウムでHe，$Z = 3$が

リチウムでLiは覚えておこう。

(2) まずは次の式を確認しておこう。

> **公式** **質量とエネルギーの等価性**
>
> $$E = mc^2 \quad \begin{cases} E\,\text{(J)：エネルギー} \\ m\,\text{(kg)：質量} \\ c\,\text{(m/s)：真空中の光の速さ} \end{cases}$$

注 エネルギーE〔J〕は，運動エネルギーとは異なり，静止している状態でももつエネルギーなので，静止エネルギーとよばれる。

原子核反応では，整数値である質量数は保存するが，細かい数値である質量は保存しない。そこで，次のことをおさえておこう。

> **Point**
>
> 原子核反応では，
>
> 　質量の和が減少 ⟶ 運動エネルギーの和が増加
>
> 　質量の和が増加 ⟶ 運動エネルギーの和が減少

この原子核反応での質量の和の減少 Δm は，
$$\Delta m = (2.0136 + 2.0136) - (3.0149 + 1.0087) = 0.0036\,\text{〔u〕}$$
質量減少 Δm を〔kg〕の単位で表すと，
$$\Delta m = 0.0036 \times 1.7 \times 10^{-27} = 6.12 \times 10^{-30}\,\text{〔kg〕}$$
よって，$E = mc^2$ の式を用いると，この原子核反応で放出されるエネルギー E〔J〕は，
$$E = 6.12 \times 10^{-30} \times (3.0 \times 10^8)^2 \fallingdotseq 5.5 \times 10^{-13}\,\text{〔J〕}$$

注 〔u〕は原子質量単位であり，1〔u〕はおよそ核子1個の質量を表す。正確には，1〔u〕は炭素原子 $^{12}_{6}\text{C}$ の質量の12分の1に当たる。

答 (1) $Z = 2$　$A = 3$　ヘリウム　(2) $E = 5.5 \times 10^{-13}$〔J〕

問題 117 結合エネルギー　物理

次の文中の空欄にあてはまる数値，式または語句を記せ。数値は有効数字3桁で答えよ。

原子核の質量はそれを構成する核子の質量の総和よりも Δm だけ小さい。たとえばホウ素原子核 $^{11}_{5}\text{B}$ の Δm は，陽子の質量を 1.0073〔u〕，中性子の質量を 1.0087〔u〕，$^{11}_{5}\text{B}$ の質量を 11.0066〔u〕とすると，$\Delta m =$ 〔①〕〔u〕となる。ここで，〔u〕は原子質量単位を表す。一方，アインシュタインの相対性理論によるとエネルギーと質量は等価であり，Δm に相当するエネルギー ΔE は，真空中の光の速さを c として，〔②〕に等しい。ここで，1〔u〕を 1.66×10^{-27}〔kg〕，光の速さ c を 3.00×10^{8}〔m/s〕とすると，ホウ素原子核 $^{11}_{5}\text{B}$ の ΔE は〔③〕〔J〕となる。このエネルギーはこの原子核の結合エネルギーに相当している。また，二つの原子核が反応した場合にも同様なことが生じる。たとえば，1個の重水素原子核 $^{2}_{1}\text{H}$ と1個の三重水素原子核 $^{3}_{1}\text{H}$ が反応して，1個のヘリウム原子核 $^{4}_{2}\text{He}$ と1個の中性子が形成される場合には，2.82×10^{-12}〔J〕のエネルギーが放出される。この例のように，質量数の小さい原子核が互いに結合して質量数の大きい原子核になる反応を〔④〕反応という。

〈岡山大〉

(1) まず，ホウ素原子核 $^{11}_{5}\text{B}$ の核子の数を確認しよう。原子番号が5なので陽子の数は5，また，質量数が11なので中性子の数は $11 - 5 = 6$ となる。核子の質量の総和を求めると，

$1.0073 \times 5 + 1.0087 \times 6 = 11.0887$〔u〕

原子核の質量 11.0066〔u〕との差 Δm は，

$\Delta m = 11.0887 - 11.0066 = 0.0821$〔u〕

このような質量の差を，**質量欠損**という。

Point　質量欠損

原子核の質量は，バラバラの核子の質量の総和よりも小さい。この質量の差のことを質量欠損という。

　（質量欠損）＝（バラバラの核子の質量の総和）−（原子核の質量）

(2) Δm に相当するエネルギー ΔE は，p.237 公式 **質量とエネルギーの等価性** より，

$$\Delta E = \Delta m \cdot c^2$$

このエネルギーは，原子核をバラバラの核子に分解するために必要なエネルギーに相当し，**結合エネルギー**という。

> **Point** 　結合エネルギー
>
> 質量欠損に対応するエネルギーを結合エネルギーという。結合エネルギーは，原子核をバラバラの核子に分解するのに必要なエネルギーである。
>
> 　(結合エネルギー)＝(質量欠損)×(真空中の光の速さ)^2

(3)　求めるエネルギーの単位は〔J〕である。まず，質量の差 Δm の単位を〔kg〕にしよう。

$$\Delta m = 0.0821 \times 1.66 \times 10^{-27} \fallingdotseq 1.363 \times 10^{-28} \text{〔kg〕}$$

よって，求めるエネルギー ΔE は，

$$\Delta E = 1.363 \times 10^{-28} \times (3.00 \times 10^8)^2 \fallingdotseq 1.23 \times 10^{-11} \text{〔J〕}$$

(4)　質量数が小さい原子核が互いに結合して質量数の大きい原子核になる反応を**核融合反応**という。逆に，質量数が大きい原子核がいくつかの原子核に分かれる反応を**核分裂反応**という。

　注　例としてあげられている核融合の反応式は，

$$^2_1\text{H} + ^3_1\text{H} \longrightarrow ^4_2\text{He} + ^1_0\text{n}$$

　である。

　(1) 0.0821　　(2) $\Delta m \cdot c^2$　　(3) 1.23×10^{-11}　　(4) 核融合

［物理［物理基礎・物理］　入門問題精講(改訂版)］　宇都史訓・島村誠